아무도 걷지 않았던 길을 가고 있다고

작년 10월에 중국 남경에서 열린 국제육수학회 심포지움에 참석한 적이 있습니다. 홍콩대학교에 계신 분의 아시아 생물다양성의 감소에 대한 인상적인 발표 후에 토론이 있었습니다. 어떤 분이 이러한 과학자들의 심각한 자료를 어떻게 정책 담당자나 일반 대중들에게 전달할 것인가라는 질문을 던졌는데 그 누구도 명쾌하게 대답하지 못했습니다. 물론 훌륭한 과학 학술지인 『사이언스와』『네이처』도 있고 『이콜로지』라는 생태학 학술잡지도 있지만 대부분의 사람들은 읽을 수 없습니다. 『내셔널 지오그래픽』이라는 훌륭한 대중잡지가 생태와 환경 문제에 대해서 전달해 주지만 지리학적인 관심을 벗어나지 못합니다.

그때 저는 전 세계에 생태를 전문으로 하는 대중잡지가 없고 우리가 지금 준비하는 잡지가 아무도 걷지 않았던 길을 가고 있다고 느꼈습니다. 생태학자들과 세상과의 연결을 바로 우리 잡지가 할 예정이니 지켜보아 달라고 마음속으로 다짐했었답니다.

이번 창간호에서는 특집을 두 가지 준비했습니다. 아직 우리 사회에는 생태학과 생태스러운 시각이 널리 퍼져 있지 않기에 생태가 무엇인지와 생태학의 중요한 키워드는 무엇인지를 알아보는 꼭지를 마련했습니다. 그리고 지금까지 어려운 여건 속에서도 한국 생태학을 발전시켜 오신 원로 생태학자들과의 특별좌담과 한국 생태학 연표를 통해 한국 생태학이 지금까지 걸어온 길을 되짚어 보았습니다. 2010년, 유엔이 정한 '생물다양성의 해'를 기념하여 두번째 특집은 생물다양성에 대해 다루었습니다. 생물다양성 개념은 생태학에서 가장 핵심적인 내용 중의 하나이지만 왜 생물다양성이 사람들에게 중요한지 이해하기 쉽지 않은 주제입니다. 생물다양성이 우리에게 주는 의미와 개념, 연관된 정책과 함께 지구에서 가장 생물다양성이 높은 열대 생태계 그리고 우리나라에서 생물다양성이 높은 습지생태계를 다루어 보았습니다.

생태와 관련된 폭넓은 정보와 시각 그리고 내용을 전달함으로써 우리 사회가 자연과 조화롭게 공존하는 문명이 될 수 있도록 저희 『생태』는 한 걸음 한 걸음 걸어가도록 하겠습니다. 애정과 관심을 가지고 지켜보아 주십시오.

Contents The Ecological Views

30

28

32

72

76

특집 생태와 생물다양성

자연을 보는 눈, 생명을 지키는 힘

생태 The Ecological Views
창간호 vol. 1
2010년 7월 1일 창간

유네스코 생물권보전지역으로 지정된 우리나라
설악산(1982), 제주도(2002), 신안 다도해(2009) 그리고
올 6월에 새롭게 지정된 광릉숲의 경관을 다양한 생물들의
모습과 함께 표현하였다. 생물권보전지역(Biosphere
Reserve)은 생물다양성의 보전과 지속가능한 이용의
조화를 위해 유네스코가 지정하는 곳으로, 현재 107개국
553곳이 지정되어 있다.

1 설악산(2000년 제5회 국립공원공모전 대상 수상작)
2 제주도 한라산의 백록담(2002년 제6회 국립공원공모전 장려상 수상작)
3 신안 다도해의 홍도(2006년 제8회 국립공원공모전 입상 수상작)
4 광릉숲의 소리봉(국립수목원 제공)

ISBN 978-89-964587-0-8 93400
정가 12,000원

편집위원회

편집장 박상규(아주대 자연과학부 교수)

편집위원 강호정(연세대 사회환경시스템공학부 교수)
김명철(SOKN 자연환경보전연구소 소장)
김용현(아주대 인문학부 교수)
김창기(한국생명공학연구원 선임연구원)
노환춘(국립환경과학원 연구사)
안창우(죠지 메이슨대학교 교수)
이유경(극지연구소 책임연구원)
주광명(한미파슨스 부장)
지광재(농어촌환경연구소 주임연구원)
한동욱(PGA습지생태연구소 소장)
황영심(지오북GEOBOOK 대표)

편집간사 안선희(서강대 대학원 석사과정)

발행처 한국생태학회
(The Ecological Society of Korea)

발행인 김은식(한국생태학회 회장)

발행일 2010년 7월 1일
120-750 서울시 서대문구 대현동 11-1
이화여자대학교 종합과학관 B동 365호
Tel: 02-3277-4515
Fax: 02-3277-4514
www.ecosk.org
ecosk@ewha.ac.kr

제작판매처 지오북(GEOBOOK)

대표 · 출판기획 황영심

편집교정 전유경, 김민정

출판등록번호 제300-2003-211

출판등록일 2003년 11월 27일
110-873 서울시 종로구 내수동 73
경희궁의아침 오피스텔 4단지 1004호
Tel: 02-732-0337
Fax: 02-732-9337
www.geobook.co.kr
geo@geobook.co.kr

디자인 (주)더디 www.the-d.com

아트디렉터 권기홍

디자이너 신호진, 김은지

필름출력 영진

인쇄제본 영신사

Contents The Ecological Views

녹색의 시대 '생태'의 촛불을 켜다

김은식 (한국생태학회 회장 / 국민대 산림환경시스템학과 교수)

바야흐로 녹색의 시대가 왔다. 현 정부는 녹색을 정책의 가장 중심적인 기조색깔로 설정하였다. 한편, 계절이 꽃 피는 봄에서 푸르른 여름으로 바뀌면서 우리 주변이 온통 새로운 녹색으로 옷을 갈아입었다. 안타깝게도 우리 사회는 많은 부분에서 이미 개발과 파괴로 상징되는 회색사회로 바뀌었다. 이러한 상황에서 녹색의 중요성을 자각하고 그것을 지켜야 한다는 생태적 요구가 사회적으로도 강하게 퍼져 가고 있다. 녹색은 인간을 포함한 지구상의 거의 모든 생명체들의 영속성을 지탱하는 색깔이다. 이 생명체들은 녹색식물이 고정한 태양의 에너지를 가지고 자기의 몸을 만들고, 살아가는 데 필요한 에너지를 확보해서, 각자의 삶을 꾸려나가고 있다. 무엇이 생명을 유지하게 하는 녹색이고, 무엇이 생명의 영속성을 파괴하는 색인지를 분명하게 구분해야 한다.

'Everyday is eco-day'이다. 우리들이 사는 매일은 생태의 날인 것이다. 일(日)요일은 해의 날, 월(月)요일은 달의 날, 화(火)요일은 불의 날, 수(水)요일은 물의 날, 목(木)요일은 나무의 날, 금(金)요일은 쇠의 날, 토(土)요일은 흙의 날이다. 사람들은 생태에 관하여 각기 다양한 견해를 가지고 있을 것이다. 그것들을 서로 나누면서 공통점을 찾아 나가는 장으로 활용하기 위한 매체로서 이 잡지를 만든 것이다. 이러한 차원에서 볼 때, 지금 창간하는 대중잡지『생태』는 자연과의 소통을 지향하는 잡지이다.『생태』는 자연에 어떠한 생명들이 존재하는가를 알려 준다.『생태』는 자연에서 그 생명들이 어떻게 살아가고 있는가를 알려 준다.『생태』는 자연에 사는 생명과 우리가 어떻게 연결되어 있는가를 알려 준다.『생태』는 끊어진 자연의 생명 고리를 어떻게 연결시키고, 끊어져 가고 있는 자연의 생명 고리를 어떻게 연결시켜야 하는지에 대해서 알려 준다.

우리 한국생태학회는 '생태학을 발전시키고 이를 보급하여 과학과 기술의 진흥과 국가발전 및 인류 문화향상에 이바지함을 목적'으로 1976년에 설립되었다. 국내적으로는 생태학의 진흥이라는 국가/사회적인 소명에 부응하기 위하여 그 사이 많은 회원들이 노력을 하면서 생태적인 역량을 쌓았으며, 생태 사회의 발전에 기여해 오고 있다. 2002년에는 제8회 세계생태학대회를 유치하고, 동아시아생태학회연맹의 결성을 주도하는 등 국제적인 차원에서도 생태학의 발전에 기여해 왔다.

우리 학회 차원뿐만이 아니라 국가적인 차원에서, 우리나라 생태분야에 중요한 전기가 마련되고 있다. 우리나라 국립생태원이 충남 서천에 새롭게 조성되는 것이다. 우리나라뿐만 아니라 전 세계 차원에서 생태학을 본격적으로 연구해 나갈 수 있는 생태연구원이 새롭게 만들어진다. 일반 국민들을 대상으로 생태 교육을 본격적으로 할 수 있는 전시시설이 함께 설치된다.『생태』가 이러한 국가적인 사업을 의미

있게 이끌어 나가는 데 기여하는 잡지가 되었으면 하는 바람이다.

개인적인 바람은, 대중잡지 『생태』에서 우리들이 무심코 살아가는 삶의 방식을 앞으로 우리 사회에 올 미래 후손들의 입장에서 살펴보면 좋겠고, 우리가 중요하다고 생각하는 가치에 대해서도 인간만이 아니라 자연을 구성하는 다른 생물들의 입장에서도 생각을 해 볼 수 있도록 하면 좋겠다. 최근 열반한 법정스님의 '무소유'의 가르침과 그 분이 추구하고자 하는 세계가 무엇이었을지에 대한 공감도 필요하다는 생각도 해본다. 잡지의 창간을 포함한 새로운 사업을 하는 데에는 많은 사람들의 노력과 예산이 필요하다.

이 잡지를 만드는 데 여러 창간호 편집위원들이 역할을 해 주었다. 이 분들이 생각하는 편집의도가 우리 사회 구석구석에 생태적인 요소로 구현되어 자리 잡게 되기를 기원해 본다. 예산적인 측면에서 볼 때, 우리 한국생태학회 전임 회장이신 최재천 교수께서 한국생태학회 특별회원제도를 활성화하여 특별회원들을 많이 모셔 왔다. 이 잡지를 만드는 데 필요한 재정에 가능하면 특별회원들의 기여가 중심적인 역할을 하기를 기대해 본다. 특히 창간호 출판에는 한 독지가의 기여가 컸음을 조용히 밝히면서 그의 기여에 감사를 드린다.

『생태』 잡지를 발간하는 것은 개발사업의 바람이 강하게 부는 우리 사회에 작은 '생태'의 촛불을 켠 것이라는 생각이 든다. 앞으로 닥칠 어려움은 무엇, 무엇인지, 그리고 그것들이 닥칠 경우 어떻게 헤쳐 갈지에 대한 대비가 필요하다는 생각이 든다. 진정 이 대중잡지가 추구하는 세계가 우리 사회의 생태 비전으로 승화되기를 기대해 본다. 한국생태학회의 이름으로 발간하는 만큼 우리 사회를 '진정한 녹색 사회'로 만들어가는 데 우리 학회 회원들과 사회 대중들을 잇는 연결자 역할을 해 주기를, 또한 우리나라 자연과 생태를 지키고 보전하는 데 있어서 중요한 방향타의 역할을 해 주기를 아울러 기대해 본다. 마지막으로, 해를 거듭할수록 사람들의 서가에 소중하게 꽂히는 사랑스러운 책으로 남기를 바란다. 🌿

매
Falco peregrinus

지구상에 존재하는 날짐승 가운데 가장 빠른 동물은 매다. 먹잇감을 발견하면 하늘로 치솟았다가 급강하하면서 날쌘
발톱으로 먹이를 낚아챈다. 이때 내리꽂는 속도가 시속 350km. 그야말로 눈 껌벅할 순간이라 희생 당하는 대부분의
동물들이 속수무책이다. 송골매는 예부터 한반도에 많이 서식하였으나 지금은 제주도를 비롯한 서남해의 섬과
해안지방에 100여 마리 남짓 남아 있다. **글 · 사진** 김연수 (생태사진가)

무인도

인천에서 배로 한 시간 남짓 떨어진 옹진군 덕적면 각흘도, 행정적으로 인천시에 속하지만 지리적으로는 태안반도에 가깝다. 인근 무인도에서 번식하는 괭이갈매기 무리가 각흘도를 배경으로 날고 있다. 바다 위에 놓인 징검다리이자 해양생태계의 일부인 섬은 비교적 사람의 발길이 뜸하고 먹이가 풍부하여 물과 땅을 오가는 새들에게 피난처이자 보금자리가 된다. **글·사진** 노환춘 (국립환경과학원 연구사)

곶자왈

지금으로부터 백만 년 전, 제주도가 생성되면서 용암이 끓어 넘쳐 흐르다가 식어 버린 곳. 그곳은 바로 제주의
허파라고 불리는 곶자왈. 구멍 숭숭 난 돌 틈으로 수풀이 무성하게 자라나고 미기후를 형성하니 천혜의 원시림을
이루어 멸종위기종을 비롯한 수많은 생물들이 어울려 사는 특별한 공간이 되었다. 하지만 세계자연유산에 등재
되지 못한 많은 곳이 골프장 등으로 파헤쳐지고 사라져 간다. 글·사진 황영심 (지오북(GEOBOOK) 대표)

맹그로브 숲

2004년 12월 인도네시아 지진해일의 공포를 기억하는 사람들이 있다면 맹그로브 숲을 개발한 곳이 지진해일의 피해를 가장 크게 보았다는 사실도 기억하리라. 전 세계적으로 맹그로브 숲을 베어내고 개발한 곳은 대개 엄청난 자연재해를 겪고 있다. 맹그로브 숲은 강과 바다를 이어주는 완충지대이자 생물다양성의 보고이다. 맹그로브 숲이 왜 형성되었는지 한번이라도 고민해본다면 이 소중한 곳을 함부로 할 수 없을 것이다. 사진의 장소는 필리핀 루손섬의 수빅해안에 자라는 맹그로브종인 아비세니아 마리나(*Avicennia marina*) 숲이다. **글 · 사진** 서민환 (국립환경과학원 자연보전연구과장)

신두리 사구

신두리 해안사구는 태안반도 신두리 해안에 형성된 길이 3.8km, 폭 1km에 이르는 우리나라에서 가장 큰 해안사구이다. 모래언덕과 그 뒤편에 형성된 습지 등 다양한 지형과 생물서식지가 발달하였다. 양호한 보전상태, 지형ㆍ경관적 가치, 생태적 가치를 인정받아 사구 일부는 천연기념물로, 해안은 해양보호구역으로, 배후습지인 두웅습지는 습지보호지역으로 지정되어 있다. 그러나 개발과 보전을 사이에 두고 벌어지는 논쟁의 와중에 남쪽 일부지역은 관광지로 개발되어 빠르게 그 본래의 모습을 잃어가고 있다. **글ㆍ사진** 노환춘 (국립환경과학원 연구사)

뿔논병아리 *Podiceps critatus*

아빠의 등 위에 올라탄 어린 새끼들이 세상구경을 하고 있다. 뿔논병아리는 암수 교대로 새끼를 업지만 수컷이 암컷보다 새끼를 돌보는 시간이 더 길다. 아마도 덩치가 큰 수컷이 새끼를 돌보는 것이 더 유리하기 때문일 것이다. 수컷의 길게 자란 귀깃을 보면 갈색부분이 적고 끝의 검은 깃 부분은 넓고 길다.

(오른쪽 사진)새끼에게 먹이를 먹인 암컷 뿔논병아리가 길게 목을 뺀 후 뿔 같은 장식깃을 잔뜩 세우고 주변을 살피고 있다. 자식 사랑이 유난스러운 뿔논병아리는 혹시라도 새끼들에게 위험한 일이 닥칠까 항상 주변을 경계하는 습성을 가지고 있다. 암컷의 길게 자란 귀깃을 보면 갈색부분이 많고 끝의 검은 깃 부분은 적다. **글·사진** 이종렬 (생태전문기자)

4대강 사업 남한강 여주 바위늪구비 공사 전(위 사진)과 공사 후(아래 사진)   멸종위기 2급 식물 단양쑥부쟁이 군락지였던 여주 바위늪구비 일대의 식생이 4대강 사업으로 모두 제거됐다. 공사 직후 환경단체의 문제 제기와 언론 보도에 의해 일부 보전조치가 이루어지고 있으나, 자생지 내 보전이 아닌 실효성이 의심되는 '대체 서식지 조성' 쪽으로 진행되고 있다. 바위늪구비 인근 도리섬의 경우, 단양쑥부쟁이와 표범장지뱀(멸종위기 2급)이 추가로 발견되어 한강유역환경청에 의해 일부 공사가 중단된 상태이다.

4대강 사업 낙동강 구담보 공사 전(위 사진)과 공사 후(아래 사진) 하회마을과 삼강주막 사이에 있는 구담습지는 안동댐과 임하댐으로 가로막힌 뒤 낙동강에 홍수가 사라지면서 모래톱 위에 식생이 자라난 새로운 형태의 습지였다. 완전한 자연습지는 아니었지만 많은 물고기들과 새들이 서식했고, 안동시 생활하수 때문에 BOD 1.2ppm으로 약간 흐려진 낙동강이 다시 1급수로 회복되는 구간이기도 했다. 이 구간에 낙동강 최상류에 위치한 구담보를 설치하는 공사가 시작되면서 구담습지는 완전히 사라졌다. **글·사진** 남준기(내일신문 기자)

코펜하겐 기후변화 회의가 남긴 과제

코펜하겐 기후변화회의의 밤샘 마라톤 회의 후 휴식시간 ©연합뉴스

2009년 12월 덴마크 코펜하겐에서 개최된 기후변화회의(이하 회의)는 앞으로 많은 숙제를 남겼다. 회의 결과, 한국, 미국, 중국, 인도, 브라질, 남아프리카공화국 등 25개의 소수국가가 참여하여 주요국간 정치적 합의문인 코펜하겐 합의문(Copenhagen Accord, 이하 합의문)을 도출하였다. 합의문을 당사국총회 결정문으로 채택하려 하였으나 개발도상국의 거센 반발로 '주목(Take note)'한다는 수준으로 결정되었다. 협약의 주요 내용은 2010년 1월 말까지 감축 목표와 감축 행동을 제출하도록 하였으며, 현재 미국, EU, 중국, 인도, 브라질 등 87개국이 코펜하겐 협의문 지지를 협약사무국에 통보하였다. 선진국 그룹 43개국 중 36개국, 개발도상국 150개국 중 23개국이 자국의 감축계획을 통보하였고(한국 포함), 그 외 28개국은 지지 의사만 통보하였다. 이 회의에서는 기온 상승을 산업화 이전 대비 2℃ 이내로 억제하는 것을 장기적 목표로 설정하였다. 또한, 개발도상국의 감축행동 지원을 위해 2010년부터 2013년까지 단기 지원 자금 300억 달러를 조성하고, 2020년까지 중기 지원자금은 매년 1,000억 달러를 조성하기로 하였다. 거버넌스의 측면으로는 '코펜하겐 녹색기후기금', '기술 메커니즘' 등 새로운 관리체제 신설에 합의하였으며 많은 쟁점을 후속협상으로 넘기고 2010년 멕시코회의에서 타결을 위해 협상 시한을 1년 연장하였다. **출처_환경부**

탄소 흡수능의 한계?

생태계가 대기 중의 질소를 고정하여 암모니아로 변환하는 과정이 생태계의 탄소 흡수 능력에 영향을 미칠 수 있는 것으로 밝혀졌다.
호주 국립과학산업연구원(CSIRO)의 왕(Y.-P. Wang) 연구원과 캘리포니아대학의 훌톤(B. Houlton) 박사는 육지 생물이 영양분의 흐름, 질소 고정, 그리고 빛의 유무와 같은 요소들의 상호작용에 어떻게 반응하는지에 대한 모델을 만들었다. 이 연구팀은 생태계가 고정시킨 토양 질소를 다 소비한 후에는 탄소를 적게 흡수한다는 것을 발견해 냈다. 이들은 앞으로 온난화와 탄소 흡수에 대한 계산을 할 때 질소가 제한된 생태계에서는 온난화가 가속화될 것이라는 것을 유념해야 한다고 제안하였다.

출처_「네이처」

03

생물다양성과
생태계 회복

향기풀 (출처_위키미디어)

생물의 다양성을 보존하는 것이 심한 환경적 변화로 훼손된 생태계를 회복시키는 개체를 보유할 가능성을 증진시켜 준다는 연구결과가 발표되었다. 네덜란드에 있는 와게닝겐대학 연구센터의 판루이벤(J. van Ruijven)과 베렌제(F. Berendse) 박사는 100개의 작은 실험구에 식물 한 종씩 또는 흔히 나타나는 8종을 여러 단계로 섞어 심어서 실험을 진행했는데 실험 시작 후 6년 뒤에 자연적인 가뭄이 들어 가뭄 전후의 반응을 알아볼 수 있었다.

이 연구에서 다양한 종들로 이루어진 실험구에서는 가뭄에 대한 저항력이 늘어나지는 않았지만 가뭄 후에 보다 효율적으로 생태계가 회복된다는 것을 발견하였다. 그들은 향기풀(*Anthoxanthum ordoratum*)이라는 종이 이 현상에서 큰 역할을 한다고 보았다. **출처_「네이처」**

04

2010년 생물다양성
목표는 달성 불가능

2009년 10월, 남아프리카에서 열린 디버시타스(DIVERSITAS) 회의(유엔과 정책 입안자들에게 생물다양성 이슈에 관한 정보를 제공해 주는 글로벌 과학 프로그램)에 참석한 과학자들은, 2010년까지 유엔이 정한 생물다양성 감소 방지 목표치 달성에 실패할 것으로 보인다고 밝혔다. 2003년 4월, 6차 생물다양성협약 회의에서 123개 조인국들은 2010년까지 달성할 목표에 동의했었다. 디버시타스 부의장이자 영국 임페리얼대학에서 보전생물학을 전공하는 메이스(G. Mace) 교수는 현재 지역적으로 또 전세계적으로 진행되는 생물다양성의 감소 속도를 늦추어서 빈곤 완화와 지구 상의 모든 생물에 기여해야 하나 2010년 목표가 달성되지 못할 것이 확실해졌으며 2015년 환경목표도 자연히 달성하지 못하게 되었다고 말했다.

회의 대표들은 종의 멸종 속도가 인류가 지구에 나타나기 전보다 100배 이상 높아졌으며 앞으로 더 높아질 것이라고 경고했다. 이번 회의에서는 과학에 기반한 새로운 목표를 세우게 되었는데, 첫 단계는 여러 개인과 단체들의 모니터링 결과를 하나로 모으는 것으로 시작한다. 이 작업은 지구관찰그룹—생물다양성 관찰 네트워크(GEO–BON) 프로젝트에 의해 수행될 수 있을 것으로 기대된다. 하지만 이 활동이 생물다양성의 감소를 정밀히 모니터링하는 도구 이상의 역할을 수행할 수 있으려면 지구의 종 다양성 보존에 대한 정치적 의지가 필요하다는 결론이다. **출처_미국생태학회**

경북 봉화에서 국내 첫 바이오블리츠 열려

지난 5월 29일~30일 이틀간 경상북도 봉화군 춘양면에서 '바이오블리츠 코리아 2010' 행사가 열렸다. 바이오블리츠(BioBlitz)란 24시간의 정해진 시간 동안 생물 전문가와 일반인이 함께 참여하여 현재의 지식으로 확인할 수 있는 모든 생물종을 찾아 목록을 만드는 활동으로 '생물다양성 번개'라고 할 수 있다. 2010년 '생물다양성의 해'와 5월 22일 '세계생물다양성의 날'을 기념하기 위해 전 세계 주요 국가에서 바이오블리츠를 개최하고 있다. 국립수목원과 한국식물원수목원협회가 공동으로 개최한 이번 행사는 생물다양성 보존의 중요성을 일반인들에게 알리자는 취지에서 국내 최초로 마련되었으며 전문가 30여 명과 일반인 150여 명이 참가하였다. 바이오블리츠는 1996년 미국 워싱턴DC에서 최초로 열린 이래 호주, 캐나다, 스페인, 대만 등 세계 각지에서 열려 생물다양성을 일반인들에게 알리고 있으며 매해 같은 장소에서 행사를 진행함으로써 생물다양성의 변화를 모니터링하는 역할도 하고 있다. **출처_국립수목원**

2010년 유엔이 정한 '생물다양성의 해'를 맞아 다양한 행사 개최

2010년 유엔이 정한 '생물다양성의 해(IYB : International year of biodiversity)'를 맞이하여 정부에서는 '생물다양성은 생명. 생물다양성은 우리의 삶(Biodiversity is life. Biodiversity is our life)'이라는 슬로건 아래 기념식 등 전 국민이 참여하는 다양한 기념행사 및 체험 프로그램 등을 마련하여 추진할 계획이다. 이달 말 'IYB 한국 조직위원회' 발대식을 시작으로 '생물다양성의 날' 기념식(5.20), 기획전시회(2010.7~2011.2), 국제 학술 심포지엄(2010.9) 등의 행사를 연중 실시하고, 생물다양성협약(CBD) 사무국과 연계한 해외 홍보도 적극 추진할 계획이며, 특히 '생물다양성의 날'(2010.5.22)이 포함된 기간을 생물다양성 주간(2010.5.16~22)으로 선포하여 다양한 기념ㆍ홍보 행사가 진행된다.

국립생물자원관은 '생물다양성은 우리의 생명' 특별전을 오는 4월 2일부터 10월 31일까지 전시교육동 특별전시실에서 개최한다. 또한 이번 전시에서는 개관 이후 발견한 신종, 미기록종 중 대표적으로 세잎개발나물, 주홍털구름버섯 등 9종의 표본이 공개되며, 액침표본, 건조표본, 슬라이드표본, 박제표본 등 국립생물자원관에서 수장하고 있는 다양한 생물표본도 전시한다.

출처_환경부, 국립생물자원관

03 💬

생태계교란종
관리 방식에 따라
제거효과 크게 차이

국립환경과학원의 2009년 생태계교란종 모니터링 결과, 모든 조사종의 분포가 넓어 관리가 필요한 것으로 나타났다. 생태계교란 모니터링 결과, 어류의 경우 큰입배스와 파랑볼우럭은 진위천 상류부에서 출현이 크게 늘었으며 양서류의 경우 황소개구리는 전 조사지역에

서 잘 관리되는 상태를 보였다. 붉은귀거북은 전주 덕진연못을 제외한 조사지역에서 개체수가 적었다. 전주 덕진연못은 수면을 연꽃이 덮은 공원 특성상 관리가 어려운 것으로 보인다. 식물의 경우, 다른 풀의 생육을 크게 저해하고 알레르기성 꽃가루를 발생하는 단풍잎돼지풀의 경우 집중관리한 경기도 지역에서 하천변, 도로변, 산지주변에 집중 확산되어 제거 시 표토교란 방지를 필수적으로 고려해야 할 것으로 보인다. 어린 시기에 집중 제거하고 대량 강우 전에는 제거를 피하며 식생과 표토보전 항목을 평가하여 생태계교란 방지해야 할 것으로 보인다. 서양등골나물은 77~95%의 땅을 덮은 곳의 숲속 하층 식생발달을 저해하였으나 집중적으로

관리되는 지역에서는 크게 퇴조하였다. 도깨비가지는 화순, 영암, 화성, 제주의 조사지에서 31~91%의 땅을 덮어 자라나 확산력이 낮아 집중제거로 관리가 가능하다. 털물참새피와 물참새피는 수생식물의 생육을 저해하기 때문에 걷어내는 등의 물리적인 제거가 필요한 것으로 나타났다. 2010년에는 특정조사지점에 집중한 조사에서 도로와 하천변을 따라 선형 또는 면형으로 주요분포지를 전면 조사하는 방식으로 개편. 조사지역을 2009년 40곳에서 2010년 160곳으로 확대하고 2009년에 생태계교란종으로 지정된 가시박, 뉴트리아, 미국쑥부쟁이, 애기수영, 양미역취, 서양금혼초 등 6종을 추가하여 총 16종을 모니터링할 예정이다. **출처_국립환경과학원**

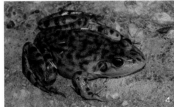

1 양미역취 (순천)
2 가시박 (중도)
3 털물참새피 군락지
4 황소개구리
5 밀양 뉴트리아 수변
6 가시박 열매
7 붉은귀거북

Ecology and
Ecology in Korea

생태와 한국 생태학 창간특집

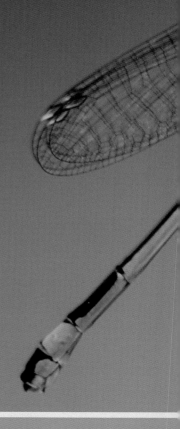

생태라는 말이 우리 생활에서 많이 쓰여지고 있지만 생태란 무엇인가, 생태학은 무엇을 하는 학문인가가 대부분의 사람들에게 분명하지 않다. 창간특집으로 생태학과 생태계를 이해하는 기회를 마련해 보았다. 또 어려운 여건 속에서도 한국 생태학을 위해 평생을 헌신한 원로들과 나눈 한국 생태학의 과거, 현재 및 미래에 대한 좌담회 내용을 소개한다. 국립생태원 건립 이야기부터 생태 교육에 이르기까지 한국 생태학의 다양한 측면이 다루어진다. 마지막으로 한국 생태학의 역사를 한눈에 보기 쉽게 표로 정리하였다.

북방아시아실잠자리(*Ischnura elegans*) 암컷이 작은 곤충을 잡아먹는 모습. 경기도 남양주 덕소 습지 ⓒ김은미

생태학이란 무엇인가?

우리 인간은 앞으로 자연에 얼마나 많은 빚을 지면서 살아가야 하고,
그 빚을 어떻게 갚을지를 걱정하면서 살아가야 한다. 그러한 상황에서 우리가
무엇을 해야 할지를 알게 해주는 과학이 바로 생태학이라고 할 수 있다.

글 · 사진 김은식 (국민대학교 산림환경시스템학과 교수)

평소에 나는 생태학이란 우리 인간들의 삶을 존재하게 해주는 자연과 그 안에 있는 생물들과 우리 인간들을 연결해주는 학문이라고 생각해 왔다. 더 구분해 보면 첫째, 인간을 포함한 많은 생물들이 함께 살아가는 터전인 자연의 존재 그 자체에 대해서 연구하는 것, 둘째, 인간을 포함한 생물들이 살아가는 터전인 자연이 어떻게 유지되고 생물들이 어떻게 살아가는지의 관계를 인식하고 연구하는 것, 셋째, 자연을 보호하고 보전하는 구체적인 방법에 대해서 연구하고 실제적으로 그러한 행위를 하는 것을 포함하는 것이라고 생각하였다.

생태학이 무엇인가라는 질문에 대한 답은 좁은 의미의 생태학과 넓은 의미의 생태학으로 구분하여 논의하는 것이 바람직할 것으로 생각된다. 좁은 의미의 생태학은 자연과학의 한 분야로서의 생태학을 논의한다고 하면, 넓은 의미의 생태학은 자연과학의 영역을 사회과학과 인문과학 등 인간생태학의 영역으로 확대한 차원에서 논의한다고 하면 되지 않을까 한다.

자연과학의 한 분야로서의 생태학은 원래 생물과학의 한 분야이다. 문자 그대로 생태학의 뜻을 우리말로 풀이해 보면, 생태학(生態學)은 살 생(生), 모양 태(態), 배울 학(學)이라는 세 글자가 합쳐진 것인데, 생물들이 살아가는 모양을 연구하는 학문이라고 할 수 있다. 영어로 생태학은 에콜로지(ecology)인데, 이 단어는 집을 뜻하는 eco와 학문을 뜻하는 logy라는 단어가 합쳐져서 만들어졌다. 이 에콜로지란 말은 1866년 독일 생물학자 해켈(E. Haeckel)이 처음 사용하였는데, 그는 생태학이 "자연의 경제학에 관한 전체적인 지식을 의미한다"고 밝힌 후에, 주요 연구 활동은 "동물이 주변의 무기적인 환경과 유기적인 환경과 갖는 전체적인 관계를 조사하는 것"이라고 하였다. 특히 그는 생태학을 "다윈이 제시한 생존경쟁의 상황에서 이루어지는 모든 복합적인 상호 관계들을 연구하는 학문"이라고 정의하였다.

자연과학의 한 분야로서의 생태학이 무엇인가를 설명할 때, 특정 생물들을 예로 들면 설명이 비교적 쉬워진다. 우리 주변의 생물 중 생산자인 식물로 토끼풀과 소나무를 들고, 소비자인 동물로 잠자리와 수달을 들며, 분해자로 세균과 버섯을 들어 보자. 흥미로운 사실은 이러한 생물들이 모두 현재 자기의 삶을 유지하게 하는 '생태적인 직업'을 가지고 있다는 것이다. 더욱 중요한 것은 이러한 생물들이 자신이 속한 생태계 내에서 그 '생태적인 직업'을 가지면서 수억 년의 시간으로 연결되는 기나긴 생명활동을 해오고 있다는 것이다.

고전적으로 생태학은 이러한 '생태적인 직업'을 가진 생물들이 어디에 살고 있고, 그 숫자가 얼마나 많은가를 주로 연구하는 학문이다. 특히 이러한 생물들이 주변 환경과 과거에 어떠한 관계를 가지고 살아 왔고, 현재 어떠한 관계를 가지고 살아가고 있으며, 그리고 미래에 어떠한 관계를 가지고 살아갈지의 문

제를 연구하는 학문이다. 여기에서 환경은 인간을 포함한 생물들을 둘러싸고 있으면서 그 생물들의 삶을 유지하게 해주는 터전인데, 이 환경은 생물적인 환경과 무생물적인 환경을 모두 포함한다.

자연을 구성하는 생태계의 종류, 생태계를 구성하는 생물의 종류, 생물이 주변의 환경과 가지는 상호작용의 종류가 다양하고, 주로 연구하는 생물군의 수준이 다르기 때문에 생태학은 매우 많은 종류로 세분화된다. 연구하는 생물군의 수준에 따라 생태학은 생리생태학, 개체생태학, 개체군생태학, 군집생태학, 생태계생태학, 경관생태학 등으로 구분된다. 또 연구하는 생태계의 종류에 따라서도 구분되어 각 생태계에 대해서 그 구조, 기능 및 발달이라는 특성에 관한 연구가 중점적으로 수행된다. 생태학은 생물학 내의 학문분야인 생리학, 진화학, 유전학 및 행동학 등과 밀접한 관계를 가지고 있을 뿐만 아니라, 생물학을 벗어난 자연과학분야인 물리학, 화학, 지질학, 지리학, 토양학, 기상학 등과도 매우 깊은 관계를 가진 학문이다.

현재 인류에게 주어진 중요한 생태학적 숙제는 너무나 많다. 생물다양성의 보전, 훼손된 생태계의 복원, 기후변화에 대한 적응역량 강화, 생태계 건전성 확대 등의 생태적 문제에서부터 우리 사회 각 분야에서 지속가능성의 확대를 통한 실질적인 녹색사회로의 전환이라는 문제 등 그 종류와 수가 매우 많다. 생태학은 우리에게 인간이 살아가면서 지속적으로 자연에 매우 큰 생태적인 빚을 지면서 살아가고 있음을 알려 준다. 특히 그러한 생태적인 빚은 우리의 후손들이 직접적으로 갚아야 한다. 우리 인간은 자기가 얼마나 많은 재화를 가지고 사는가를 자랑하는 대신, 우리 인간이 앞으로 자연에 얼마나 많은 빚을 지면서 살아가야 하고, 그 빚을 어떻게 갚을지를 걱정하면서 살아가야 한다. 그러한 상황에서 우리가 무엇을 해야 할지를 알게 해주는 과학이 바로 생태학이라고 할 수 있다.

현대의 대표적 생태학자 오덤(E.P. Odum)은 생태학을 우리 사회와 과학 사이에 존재하는 큰 장애물을 뛰어 넘어 소통시키고 연결시켜주는 다리의 역할을 하는 학문이라고 정의하였다. 우리 사회와 과학 사이에 존재하는 장애물이 무엇이고, 그 장애물을 극복하고 연결시키는 다리가 어떠한 역할을 해야 할지를 분명히 하는 것이 앞으로 생태학이 풀어가야 할 숙제라고 할 수 있다. ❹

1 나무고사리의 잎과 펴지기 전의 말린 잎
2 동물은 궁극적으로 식물에서 살아갈 에너지를 구해야만 한다.
3 예전 많던 당나귀는 최근에 우리나라에서 보기가 쉽지 않다.

생태계와 생태학

지구 환경이 망가지면 생물은 살아갈 수 없게 된다.
그래서 생태학에서는 자연 환경의 질서 즉 자연의 법칙을 잘 지켜야 된다고 말한다.

글 · 사진 길봉섭 (원광대학교 명예교수)

생태(a mode of life)란 생물과 환경과의 관계에 있어서 생물이 사는 모습 즉, 생활 상태라고 풀이한다. 콩나물을 기를 때 콩을 그릇에 놓고 물을 주어서 기른다. 밭에 콩을 심을 때도 흙에서 콩이 싹이 나고 자라면서 잡초와 경쟁도 하고, 벌레가 콩을 갉아먹기도 한다. 미역이나 파래는 바다에서 산다. 그들도 해산동물이 뜯어 먹고 사람들이 채취해 간다. 이와 같이 생물들은 그들이 처한 환경과의 관계에서 자유롭지 못하다. 절대적으로 서로 긴밀한 관계를 맺은 채 살아간다. 생물들이 모여 사는 생물의 군집과 그 환경을 합친 체계를 생태계(ecosysytem)라고 한다. 다시 말하면 생태계는 한 지역에 살고 있는 모든 생물과 그 지역 내의 비생물적인 환경을 통 털어서 하나의 계로 다룬 것을 말한다. 즉, 농업생태계, 삼림생태계, 인간생태계 등이 그것이다.

환경(environment)이란 어떤 주체를 둘러싸고 있는 유형, 무형의 객체를 말한다. 예컨대, 인문 환경, 자연 환경, 사회 환경, 교육 환경 등으로 구분 할 수 있다. 다시 말하면 생태계는 삶의 장소, 인간이 아닌 생명 중심적인 모든 생물 들이 상호 의존적인 것이고 그래서 먹이 사슬 같은 유기적, 세계적, 총체적인 세계관인데 반하여, 환경은 인간 삶의 조건, 즉, 그 중심에 생명체가 존재하는 경우를 가리킨다. 특히 근래에 와서 환경이란 인간 중심적이다. 환경은 가치 종합적이 아니고 좋다 나쁘다로만 객관적인 평가를 한다.

생태학은 생물과 그들이 사는 환경과의 관계를 연구하는 학문이다. 생태학은 ECO(주거, 집, 환경)+LOGY(학문, 과학)의 합성어이다. 경제학(ECONOMY)과 단어의 앞부분이 같다. 그런데 생태계를 어디 가서 관찰 하겠는가라고 묻는 다면 어디로 가야할까? 또 무엇을 어떻게 관찰해야 할까? 생태계는 생산자, 소비자, 분해자, 비생물적 요소 등 4요소로 구성되어 있다. 생산자란 녹색식물처럼 광합성을 하는 생물로서 탄수화물 등을 만드는 것이고, 이들은 태양광선을 식물의 엽록소 안에서 화학에너지로 바꾸는 에너지 전환자이고 그래서 독립 영양자라고 부르며, 소비자는 생산자를 먹고 사는 곤충, 동물을 가리키므로 1차 소비자, 2차 소비자 등 단계별로 나누어진다. 분해자는 미생물이나 곰팡이처럼 생산자와 소비자의 죽은 부분을 썩게 하여 분자상태의 물질을 자연으로 되돌려 보내는 환원자이다. 비생물 요소란 흙, 물, 공기 등을 말한다. 생태계 실습 장소로는 우리 주변의 실개천 또는 작은 연못, 논밭, 야산 등 위에서 말한 생태계의 구성요소가 있는 곳이면 어디나 가능할 것이다.

생태계의 기능은 물질 순환과 에너지 흐름이다. 물질 순환이란 생물의 몸을 구성하는 단백질이나 탄수화물 등이 몸이 죽어서 썩으면 분해되어 공중, 바다, 흙을 돌아다니는 것이고, 마치 정해진 도로를 도는 것처럼 물질이 순환하는 것이다. 물, 수증기, 비나 눈을 보면 알 수 있다. 세상의 모든 것은 모두 순환의 법칙을

따른다. 에너지 흐름이란 태양 에너지가 식물에게 가서 영양분을 만드는 데에 쓰이고 그래서 식물의 몸은 일차적으로 동물에게 또는 미생물에게 먹히는데 그래서 식물체를 이루고 있던 영양물질이 동물과 미생물에게로 옮아가고, 결국 이들은 자연 환경으로 돌아간다. 이때 태양 에너지를 주로 따져보면 생산자인 식물체에 들어왔던 양이 동물체로 옮아가는 과정에서 감소되면서 흐르는 것처럼 설명될 수 있다. 마치 물이 높은데서 낮은 곳으로 흐르듯이 단계 별로 감소된다는 말이다.

　　　자연 환경은 어머니와 태아와의 관계처럼 지구와 생물의 긴밀한 관계를 유지하면서 지속되고 있기에 만약 지구 환경이 망가지면 생물은 살아 갈 수가 없게 된다. 그래서 생태학에서는 자연환경의 질서 곧 자연의 법칙(원리)을 잘 지켜야 된다(in order)고 말한다. 만일 자연의 원리가 어긋나면 (out of order) 사람이 설 자리는 없게 된다. 어머니가 살아야 아이도 산다! 🔲

1 삼림생태계. 풀, 나무, 새, 벌레, 미생물, 흙, 공기, 바위 들이 한데 어우러져 있다.
2 온천 용천 생태계. 뜨거운 온천수가 분출하고 흙, 공기, 식물, 동물, 미생물 들이 함께 살고 있다.
3 해안생태계. 물, 흙, 돌과 해초, 동물, 미생물이 모여서 유기관계를 맺고 살아간다.
4 삼림생태계 안의 큰나무에 작은 식물들이 얹혀서 살고 있다. 이들을 착생식물(epiphyre)이라 한다.

좌담: 원로 생태학자에게 듣는다

한국 생태학의 현황과 미래

한국생태학회의 전·현직 회장 및 현 상임이사 등 원로 및 중진 생태학자들과 함께
'한국생태학의 현황과 미래'라는 주제로 특별 좌담을 가졌다. 2009년 12월 1일과 29일
두 차례에 걸쳐 있었던 좌담회 내용을 간략히 정리하여 소개한다.

진행·정리 박상규 편집장 **사진** 강지순, 황영심

몇 십 년 동안 생태학에 정진해 오신 선생님들께서 수많은 일들을 이루셨지만 또 한편으로는 미처 이루지 못
하신 일들도 많으리라 생각합니다. 김준민 선생님의 『들풀에서 줍는 과학』이라는 책의 마지막에 보면 야외생
물연구실(field biological station)을 만들지 못하신 게 아쉽다고 서술하셨습니다. 선생님들께서 생각하시기
에 이것만은 꼭 하고 싶은 것이 있으셨다면 말씀해 주십시오.

김준호 : 저는 대학교수 재임 중 한국에 생태학연구소를 만들자는 주장을 하고 글로도 썼습니다. 그때 주
변에 있던 학자들조차 그런 발상을 과연 이룰 수 있겠느냐며 오히려 핀잔하기도 했습니다. 스스로도 도저히
불가능하다고 생각했었습니다. 당시 생태학연구소를 설립하려고 했던 일본의 사례가 있었기 때문입니다.
제가 한국생태학회 회장을 맡고 있었을 때인데 일본 생태학회로부터 편지를 받았습니다. 일본에 생태학연구
소가 꼭 있어야 한다고 주장을 지원해 달라는 내용이었습니다. 그래서 일본은 현재 재정적, 문화적, 교육적
수준으로 볼 때 꼭 생태학연구소가 필요하다는 의견을 전달한 바 있습니다. 그러나 일본 생태학회는 일본 정
부로부터 재정 지원을 받지 못해 5년간이나 미루다가 결국 교토대학교 생태학과에 부설로 만들었지요. 현재
교토대학교의 생태학연구센터(Center for Ecological Research)가 바로 그것입니다. 그만큼 한 국가에서 생
태학연구소를 세운다는 것은 어려운 일입니다.
그런데 근래 들어 우리 정부에서 국립생태원을 짓는다고 합니다. 어떤 형태로든지 생태연구소가 생기면 좋
겠다는 제 꿈이 이루어지는구나 싶어 기쁘게 생각하고 있습니다. 아시아권에는 중국에 응용생태연구소가 있
습니다만 순수한 생태연구소는 없는 것으로 알고 있습니다. 국립생태원이 지어지면 젊은 생태학자들이 대거
들어가게 될 것이고, 적어도 아시아권에서는 으뜸가는 생태국가가 될 것으로 생각합니다. 여러분 모두 성원
해 주시기 바랍니다.

남상호 : 지금 국립생태원 건립에는 생태학회뿐만 아니라 다양한 분야의 여러 단체들이 참가합니다. 생태
학회가 주도적인 역할을 할 것으로 기대합니다. 또한 생태원이 들어서는 서천군의 지역발전에도 도움이 되
었으면 합니다.

장남기 : 우리 조상들이 생태학에 대해서 많은 연구를 했던 것 같은데 지금은 우리나라에서 생태학을 잘
안다는 사람들은 언론인이나 정치인들인 것 같아요. 전부 언론에서 하는 말만 듣지 생태학을 하는 학자들 말

1 2009년 12월 1일 1차 좌담회
2 2009년 12월 29일 2차 좌담회

은 안 들어요. 생태학은 누구든지 다 안다는 거죠. 생태학자가 "내가 생태학 했다, 생물학을 했다." 그래도 내 경험에는 절대로 통하지 않아요.

4대강 사업만 해도 그래요. 4대강 사업에서 제일 큰 소리를 내는 사람은 군수들이에요. 군수가 "내가 5년 전부터 4대강 사업을 하려고 했다." 그러면 아무도 꼼짝을 못해요. 생태학자가 아무리 이야기해도 듣질 않아요. 한 생태학자가 이명박 대통령에게 4대강을 개발한 후에 생태학적으로 오염되었는지를 어떻게 아느냐고 물었더니 로봇 어류를 이용하면 오염 여부를 알 수 있다고 답했어요. TV에 이 내용이 나오자 다들 놀랬지요. 그런 이야기를 한 사람이 없었거든요. 최신 기술이잖아요. 우리 생태학자들이 이렇게 우물우물 적당히 이야기하고 BOD를 측정하는 정도로는 안 된다는 것이죠. 이제는 다른 나라에서 어떻게 하고 있는지를 보고 정확한 생태학적 원리를 밝혀야 되는 거예요. 그렇게 하지 않으면 연구소가 있다한들 진보가 없다고 봅니다.

길봉섭 : 제 생각에는 생태학은 할 일이 참 많은 학문이에요. 최기철 선생님께서는 생태학을 '생물학 + 철학, 상상력, 사회학'이라고 정의를 내리면서 당신은 글을 쓸 줄 알기 때문에 생태학을 했다고 하셨어요. 참 좋은 학문인데 이 학문을 가르치면서 아들, 딸에게 그것을 승계할 수 있는 사람은 대한민국에 소수입니다. 그러니까 자녀가 부모의 학문을 이어받은 사람은 성공한 사람이고 미안하지만 그렇지 못한 사람은 아쉬운 사람이라는 생각을 하게 됩니다. (좌중 웃음)

이호준 : 저는 생태학회 회장을 하면서 우리 학회가 이기주의적이고 개인주의적이라고 느꼈습니다. 응집력이 없어요. 사람이 의사 표현을 할 수 있는 단어가 2만에서 2만 5천 단어라고 하는데 전 세계 사람들이 얼마나 많습니까. 한국만 해도 얼마나 많아요. 물론 그런 다양함을 인정해야겠지만 학회 구성원들이 역대부터 지금까지 응집력이 없었지요. 그래서 우리 학회가 사실 발전이 없었던 것이에요. 제가 회장을 하면서 응집력을 키워보려고 노력을 많이 했는데 그게 잘 안 되더군요. 우리 학회가 앞으로는 좀 더 구성원들의 응집력을 키워가야 됩니다. 한 목소리를 내야 할 때는 한 목소리를 내야만 우리가 생각하는 목표에 도달할 수 있지 않을까 생각합니다. 환경생물학회나 임학회, 환경이나 생태 하는 사람들 모두 마찬가지예요. 저는 옛날부터 우리 학회의 그런 점을 참 안타깝게 생각해 왔어요.

최재천 : 제가 회장 일을 할 때 노력을 한다고 조금 하다가 마무리를 못 지었지요. 우리 생태학회지를 국제적인 학술지로 만들었으면 해서 그때 표지도 좀 바꾸고 학회지 이름도 바꿨는데 그럴듯하지 않나요? 『Journal of Ecology and Field Biology』라는 이름의 학술지는 세계 어디에도 없으니까 국제지로 내놓을 만한 이름은 되었지요.
그때 "요즘 생태학회지를 보면 너무 실용 위주의 생태학 논문만 실어주지 않느냐?", "기재적인 논문을 보내면 편집자 수준에서 옛날 스타일의 논문을 보냈느냐며 자꾸 심사에서 떨어뜨린다."는 이야기가 나왔었습니다. 제가 상당히 기재적인 논문도 싣겠다고 표방하고 나갔는데요. 생태 선진국의 학자들은 필요성을 못 느끼는지 모르지만, 우리나라의 경우 그런 논문을 내고 싶은 학자들이 상당히 있을 것으로 봅니다. 그런 요구를 수용해서 궁극적으로는 SCI에 등재하는 작업이 지금 현 김은식 회장 손에 있는데 그게 빨리 되어야 생태학회, 우리나라 생태학이 좀 더 발전할 것으로 생각합니다. 늘 좀 아쉽습니다. 제가 더 적극적으로 했어야 하는데, 아무리 속도를 내보려고 해도 잘 안 되더라고요. 개인적으로 만약 그런 구도가 이루어진다면, 외국에 있는 제 동료들을 편집자로 전부 끌어들이겠다고 공언까지 했는데 말입니다.

선생님들께서 평생을 생태학 연구에 매진하신 덕분에 지난 수십 년 동안 한국 생태학이 비약적으로 발전해 왔습니다. 하지만 일반 시민들은 아직 생태학의 중요성에 대해서 잘 모르는 상태입니다. 생태학의 대중화에 대해서 한 말씀 부탁드립니다.

길봉섭 : 지구온난화니 4대강 개발이니 해서 일반 시민들도 관심은 많이 갖고 있는 것 같습니다. 이러한 계기에 철학이라든지 귀중한 법칙이라든지 개연성을 들고서 설명해야 하는 문제들을 생태학자들이 환경시

    ❝ 국립생태원이 지어지면 젊은 생태학자들이 참여하게 될 것이고, 아시아권에서는 으뜸가는 생태국가가 될 것으로 생각합니다. ❞

    ❝ 이제는 다른 나라에서 어떻게 하고 있는지를 보고 정확한 생태학적 원리를 밝혀야 한다고 생각합니다. ❞

김준호(서울대학교 명예교수)   장남기(서울대학교 명예교수)

론 등을 통해서 짚어주어야 할 것 같아요. 가이아이론 같은 이야기도 생태학자가 아닌 다른 자연과학자들이 더 많이 관심을 가지고 내놓아요. 철학 하는 사람들도 가이아이론에 대해 질문도 하고 관심을 갖더군요. 그러니 우리가 방향을 제시하는 일이 시급한데 그 일을 새로 만드는 『생태』 잡지가 맡아야 한다는 생각입니다. 지난 여름에 중ㆍ고등학교 선생님들을 대상으로 강의를 했는데, 교재식물(학교에 심겨 있는 식물)을 제대로 적어놓고 싶은데 그런 것을 가르쳐 줄 수 있느냐는 질문을 받았어요. 사실 개개인들도 약용식물, 식용식물 같은 것에 대해서 관심이 많습니다. 그런 일을 누군가는 해주어야 할 것 같아요. 이 잡지가 통로 역할을 할 수 있다고 생각합니다. 무거운 이야기도, 가볍고 실제로 필요한 이야기도 실어 주자는 이야기지요.

최재천 : 요즘 여론조사에 나오는 것을 보면 우리나라 일반 시민들이 사실 막연하게나마 생태가 중요하다는 것을 이제는 상당히 알고 있는 것 같아요. 실제로 왜 중요한지는 모르지만 일단 환경을 보호해야 한다고 이야기하는 수준까지는 온 것 같아요. 4대강 사업처럼 정부가 새로운 사업을 시작할 때 거리의 시민들에게 TV 카메라를 들이대면 "보호해야 됩니다." 이렇게 이야기하는 사람들이 사실은 더 많거든요.
그런데 그렇게 답하던 사람들도 대통령이 원전 수출해서 경제적으로 뭔가 된다고 하자 생태의 중요성을 인식하고 있지 않기 때문에 생태를 금방 포기하게 되지요. 저는 우리가 거기쯤 와 있다고 생각합니다. 생태학자들이 그동안 애를 많이 써서 막연하게나마 알고 있기는 하나 왜 중요한지 확신이 전혀 없는 그쯤에 와있다는 말입니다. 사람들의 인식을 한 단계 높이는 데 이 잡지가 역할을 해줄 것으로 기대합니다.

이호준 : 생태는 경제적인 수준과 관계가 있는 것 같아요. 지금까지는 먹고 살기 바쁘니까 의식주에만 매달려 살다가 조금 경제수준이 올라가니까 매체에서 생태계, 생태라는 용어를 많이 씁니다. 그러나 정작 만나서 생태가 무슨 뜻이냐고 물으면 머리를 절레절레 흔들면서 답을 못합니다.
일반 시민들도 중요하지만 이제는 유치원, 초등학교 때부터 시작해야 합니다. 우리 학회가 나서서 유치원, 초등학교 아이들의 일상생활 속에서 생태적 의식을 바꾸어 놓았으면 해요. 제가 일본 츠쿠바대학을 다닐 때 보니까 일본에서는 초등학교부터 과외 활동들이 전부 생태와 연관되어 있더라고요.

김은식 : 저는 생태학을 크게 정의해서 현대는 계속 지구가 파괴되는 시대라고 생각해요. 점점 시간이 가면 결국은 생물들이 점점 멸종하는 시대 말입니다. 길게 보았을 때, 지금 어떻게 지구가 파괴되고 있는가를 보여주는 생물학, 이 상황을 멈추거나 늦출 수 있게 해주는 생물학이 생태학이 아닌가 정의해 보았습니다.
사회가 생태라는 말을 굉장히 많이 씁니다. 최근에도 모임을 가서 보면 생물학과 관련이 없는 분들이 자기 분

66 생태학자들은 자연과학자이지만 사회과학도 함께 이야기할 수 있다는 장점이 있어요. 99

66 우리 학회가 앞으로는 좀 더 구성원들의 응집력을 키워가야 됩니다. 한목소리를 내야만 우리가 생각하는 목표에 도달할 수 있지 않을까 생각합니다. 99

길봉섭(원광대학교 명예교수)   이호준(건국대학교 명예교수)

야, 예를 들면 정치, 경제, 법, 철학, 종교, 예술, 문학에서 전부 생태를 이야기하거든요. 기업생태계라는 말도 있고... 이런 분야들을 잘 보면 우리의 삶을 지킬 수 있는, 오래 유지되도록 만드는 게 생태학이 아닌가, 근본적으로 후손들이 살아갈 수 있는 터전을 마련해 주는 차원에서의 생물학이 생태학이 아닌가 생각해 봅니다.

길봉섭 : 『생물과 환경』이라는 고등학교 교과서 쓸 때 환경과 생태계라는 것이 크게 거론이 되었어요. 직접 참여하여 최대한 근사하게 써 주고 무게를 잡아주었어요. 그런데 현실적으로는 입시지도를 하다 보니 말하자면 찬밥 신세가 되어서 수업은 거의 안하고, 고3 학생들이 수능 시험을 끝내고 생태 강연을 받는 경우에도 시간을 다 쓰고 남는 시간에 와달라고 합니다. 고등학교 전부는 아니지만 교장, 교감 선생님들 머릿속에서 생태학의 중요성은 저 뒤로 미뤄져 있어요. 4대강 사업의 경우도 근본적인 원리나 법칙을 따지기 전에 정치논리가 먼저 작용한다는 데 문제가 있는 거죠. 어쩌면 이렇게 살다가 다 떠났을 때 후에 오는 학생들, 졸업생 후배나 제자들이 "우리 선생님이 생태학 이야기를 가르쳐 주셨나?" 그런 이야기를 할 지도 모르겠어요.

최재천 : 조금 전에 말씀하신 것은 어쩌면 좀 많이 변화할 수도 있어요. 지금 고등학교 통합 과학 새 커리큘럼이 만들어지는 과정에 공청회도 이미 끝났거든요. 커리큘럼이 획기적으로 많이 바뀌게 됩니다. 그게 만일 통과되면 앞으로 고등학생들은 처음에 우주의 기원부터 배워요. 다음에는 지구의 역사로 들어와서 생명이 어떻게 탄생하고 진화해 왔느냐, 그리고 생태 부분을 앞부분에 쭉 하구요. 그 후 그것을 이해하려면 물리도 공부해야 하고 화학도 공부해야 한다는 식으로 만들었어요. 모양새만 놓고 보면 생태학이 굉장히 중요해지는 방향으로 간 것이에요. 그런데 그 커리큘럼에 대한 공청회에서 고등학교 선생님들이 어려움을 호소했어요. 자신들은 가르치기 어렵다는 거예요. 우주의 기원, 생명의 기원, 진화 이렇게 큰 그림으로 해놓으면 못 가르친다는 것이에요. 그리고 문제를 어떻게 만들어서 어떻게 테스트하느냐 이게 제일 많이 나오는 질문이에요.

가끔 제가 아는 CEO 중 밤중에 전화를 주시는 분들이 있어요. "내일 아침에 직원들을 모아놓고 조례 강의를 해야 하는데 생태, 환경과 관련된 이야기를 하려고 합니다. 최교수가 얼마 전에 생태 엇박자에 대해서 말했는데 그것이 정확하게 뭐예요?" 하면서 설명을 하라며 전화기를 붙잡고 1시간을 이야기하는 거예요. "그 부분 다시 이야기해 봐요." 하면서 받아 적고... 대상을 정할 때 자기가 지식화해서 이용하고 싶고 이야기하고 싶은데 단순한 기업생태계 수준이 아니고 그 다음 단계까지 나아갈 수 있는 사람들을 상대로 해야 하지 않을까요? 그 눈높이를 정하는 것이 무엇보다 중요하다고 생각합니다.

이번에 저희 잡지 『생태』가 생태 대중화라는 모토로 새로 창간하게 되었습니다. 대중과 함께 소통하려는 『생

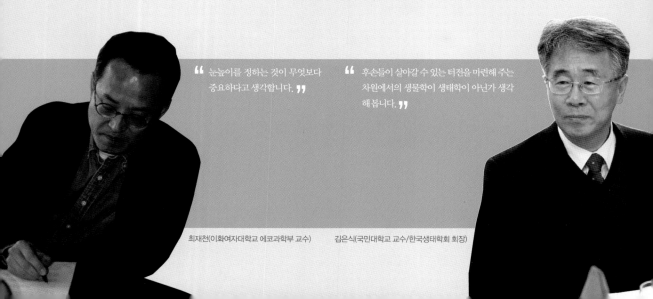

    ❝ 눈높이를 정하는 것이 무엇보다 중요하다고 생각합니다. ❞   ❝ 후손들이 살아갈 수 있는 터전을 마련해 주는 차원에서의 생물학이 생태학이 아닌가 생각해 봅니다. ❞

최재천(이화여자대학교 에코과학부 교수)   김은식(국민대학교 교수/한국생태학회 회장)

태』에 바라는 것이 있으시면 말씀해 주시기 바랍니다. 이런 내용은 꼭 있으면 좋겠다, 또는 이런 내용은 지양해라, 또는 거시적으로 『생태』가 앞으로 지향해야 할 점에 대해서 조언을 해주시면 감사하겠습니다.

길봉섭 : 지금은 환경문제에 대해서 다들 일가견이 있고, 또 생태에 대해서도 상식선을 넘어 상당한 수준까지 전문적인 지식을 가진 사람들이 많아요. 『생태』라는 잡지는 논문을 싣는 저널은 아니므로 독자층을 우선 두껍게 시작하지요. 대중적으로 공헌을 크게 할 테니까요.

김준호 : 과거에 우리나라 정부에서 실패한 사업 중 시화호가 있는데 결국은 안 되니까 지금 다시 조력발전소로 만든다고 알고 있어요. 그런 기사는 어떤가 싶은데요.

길봉섭 : 환경스페셜에서 가시박에 대해 다루었는데 잘 찍었어요. 특히 영상이 깜짝 놀랄 만큼 좋았어요. 이런 부분도 중요하다고 봅니다.
생태학자들은 자연과학자이지만 사회과학도 함께 이야기할 수 있다는 장점이 있어요.

김준호 : 일본에 『뉴톤(Newton)』이라는 잡지가 있잖아요. 일본에서는 대중적으로 성공한 것 같아요. 우리나라에서도 번역본이 나와서 상당히 보급된 것으로 알고 있어요. 그 잡지의 특징은 그림이 잘 되어 있는데 『생태』잡지에서도 그런 수준으로 하면 되지 않을까 생각해요.

장남기 : 제가 제일 놀란 게 언론에서 다루는 이야기가 우리가 생각하는 논문보다도 더 대중에 가까우면서 학문에도 가깝다는 것이었어요. 며칠 전 뉴스에 철원지구의 재두루미가 600마리 늘었대요. 그런데 일본에서 그만큼 줄었다는 거예요. "결국은 철원에서 일본으로 가야 될 것이 가지 않고 현재 남아 있는 것이다. 이것은 지구온난화 때문이다." TV 아나운서나 출연한 사람들이 지구온난화를 다루는 데 있어 상당히 깊이 있고 학문적이면서도 재미있다는 말이에요. 그럼 우리가 잡지를 내는 데 그만한 모습도 안 보이면 안 된다는 거죠. 가벼운 대중적인 잡지를 만들기보다는 우리가 깊이에도 신경을 써야 되지 않을까 하는 생각이 듭니다.

김준호 : 환경에 대한 신문이나 잡지가 지금까지 꾸준히 지속된 것을 거의 못 보았어요. 환경이라는 문자가 나오면 식상해 버려요. 너무 환경이 강조되어 알맹이 없는 생태를 지금까지 부르짖어 왔어요. 그래서 환경보다는 역시 생물 쪽에 무게를 두어서 잡지를 만들어야 할 것으로 봅니다. 『생태』 잡지에, 예를 들어서 생

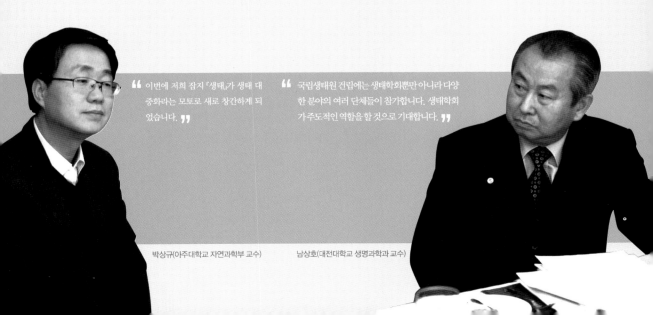

❝ 이번에 저희 잡지 『생태』가 생태 대중화라는 모토로 새로 창간하게 되었습니다. ❞

❝ 국립생태원 건립에는 생태학회뿐만 아니라 다양한 분야의 여러 단체들이 참가합니다. 생태학회가 주도적인 역할을 할 것으로 기대합니다. ❞

박상규(아주대학교 자연과학부 교수)

남상호(대전대학교 생명과학과 교수)

영국 콘월에 있는 에덴 프로젝트. 투명한 플라스틱으로 만들어진 8개의 돔으로 구성되어 있으며 세계에서 가장 큰 온실이다. © Mark Vallins

태학의 원리를 우리 인간사회와 비교하거나 생태학의 원리를 풀어나가는 것을 일부분이라도 넣으면 거기서 생태학의 중요성이 부각되지 않을까 싶어요.

가령 어릴 때 농촌 마을에 혼인식이 있으면 전부 그 혼사 집에 와서 예식을 올리고 먹고 즐기고 했단 말이에요. 그런데 요즈음은 농촌에 가면 혼인식 날 전부 가까운 도시로 모입니다. 마을 사람들이 버스를 타고 도시의 예식장에 모이는데 생태학의 원리 중에서 '작은 에너지는 큰 에너지 쪽으로 간다'는 원리가 있거든요. 자연계 에서 꿀벌이 조금씩 있는 꿀을 모아서 벌집에 저장하는 생태학의 원리가 인간사회에 적용된다고 풀이하면 생태학에 흥미를 느끼지 않을까 생각합니다.

최재천　: 잡지는 정말 눈높이를 정확하게 잡아야 하거든요. 이것저것 다하려다 보면 분명히 아무도 안 읽 는 잡지가 될 텐데요. 누구를 상대로 할 것이냐가 명확히 잡혀야 그것에 맞추어서 어느 정도의 정보를 어느 정도의 재미로 제공할 것인가를 결정할 수 있거든요. 대개 책이나 글을 중학생 수준에 맞추면 누구나 다 읽 는다고 해요. 고등학교 수험생 수준에 맞추면 CEO도 볼 수 있는 수준이 되는 거예요. 그래서 중학생에게 맞 출 것이냐 아니면 정보에 치중해서 그 이상의 수준에 맞출 것이냐를 정해야 해요.

길봉섭　: 결국 그게 흥미 위주로 생각할 수도 있지만 책을 놓을 때는 뭔가 유익해야 되거든요. 유익하다는 게 아까 말씀하신 원리나 기본 법칙 같은 것을 함축해 놓아야 얻는 것이 있거든요. 누가 읽든 간에…

최재천　: 잡지가 처음 일 년은 두 번밖에 안 나오고요. 정보가 주로 들어 있으면 잡지의 속성상 한번 보고 꾸 겨지고 찢어내고 버리고 한동안 쌓아놓다가 좀 지저분해 보이면 재활용하게 되는 것 같아요. 한동안 모으다가 잘 안되면 집어던지게 된단 말이에요. 그래서 뭔가 새로운 아이디어를 내서 잡지라고 보고난 다음 버리는 게 아니라 그 안에 생태에 대한 모든 정보가 다 있으니 다음에 또 볼수 있도록 책처럼 꽂아놓고 싶게 만들어야 해요.

1 충남 서천에 건립 중인 국립생태원 조감도 2 생태연구동 조감도 © 국립생태원 건립추진기획단

김은식 : 『생태』가 우리가 후손들이 살아가는 기반을 확보하는 일이라면 실은 이 안에 정보뿐만 아니라 철학, 생태철학이 있어야 하지 않을까요? '아, 『생태』라는 잡지는 이것을 추구하고 있구나!' 그래서 흥미뿐만 아니라 공감할 수 있는 부분이 분명히 있어야 할 것 같아요. 4대강 살리기나 그 이전 대운하 문제의 경우 학회의 입장을 바로 밝힌 바가 있습니다. 생태적인 이슈가 발생했을 때 생태학회의 학자들이 어떻게 바라보는지 느껴질 수 있도록 잡지의 내용에 일관되게 깔려 있는 철학이 필요하다고 생각합니다.

지금 생태학회에게 기회가 오는 것이, 환경부에서 국립생태원을 만들고 있는데 많은 생태학자들이 취업을 하게 되고 전시관에는 전 세계의 다양한 생태계가 전시될 텐데 『생태』 잡지는 또 국립생태원의 중요한 동반자가 될 수 있고요. 국립생태원은 우리 생태학회가 중심적으로 참여하는 상황이라는 것을 강조할 수 있으면 좋겠네요.

또 하나 걱정이, 회장은 1~2년밖에 하지 않기 때문에 단기적으로 잡지의 영속성을 제가 보장할 수 없는 상황입니다. 장기적인 발전계획을 수립해서, 가령 10회라든가 20회 계획을 미리 세워서 지속적으로 발전하는 잡지가 되었으면 좋겠습니다.

최재천 : 국립생태원에 관한 말씀은 좋은 아이디어인데요. 국립생태원 건립 과정을 아예 실황중계를 하면 어떨까요? 영국에서 에덴프로젝트를 할 때 계속 그 과정을 공개했잖아요. 생태학자 몇 사람과 학생이나 주부들이 함께 방문하여 취재하면서 국립생태원이 건립되는 과정을 계속 홍보하는 것도 좋을 것 같아요. 영국이 에덴프로젝트를 하면서 굉장한 홍보 효과를 거둔 일이 있거든요. 사람들에게 기대감을 갖게 했었죠.

박상규 : 오랜 시간 동안 감사합니다. 제안해주신 좋은 의견 잘 반영해서 훌륭한 잡지를 만들겠습니다. ●

한국 생태학 연표

한국 생태학의 역사가 어느덧 100여 년이 되었다.
숨가쁘게 달려온 100여 년의 발자취를 돌아보았다.

서양으로부터 근대 생물학이 도입된 1900년 이후로 한국의 생태학을 식민기, 준비기 및 성장기로 나눈다. 식민기(1910~1945)는 생태학이 우리나라에 도입된 시기로 생태학을 강의하는 대학이 없었다. 다만 자연자원을 수탈하기 위한 시험장 설립이 고작이었고 논문도 외국인에 의해 발표된 7편이 전부였다. 준비기(1946~1976)는 해방 이후의 기간으로 자생적 생태학 연구가 시작되었으며 1976년 드디어 한국생태학회를 창립하기에 이르렀다. 성장기(1977~2000)는 1977년 『한국생태학회지』 발간을 계기로 왕성한 연구 활동이 이루어진 시기이다. 이후 21C는 2002년 서울에서 열린 제8회 세계생태학대회를 계기로 또 다른 전기를 맞게 된다.

1900~1910

1900 · 『Transactions of the Korea Branch of the Royal Asiatic Society』 발간

1913 · 조선총독부 산하 임업시험소 (현 산림과학원) 발족
· 조선총독부 산하 권업모범장 (현 농업과학기술원) 발족

1930~1940

1933 · 조선박물연구회 창립

1941 · 한국인 최초의 생태학 논문 '식물 조위의 생태적 연구'(김준민) 발표

1945 · 조선생물학회 창립

1946 · 조선생물학회를 대한생물학회로 개칭

1921 · 조선총독부 산하 수산시험소 (현 수산과학원) 발족

1923 · 조선박물학회 창립 (10월 23일)

1920

1955 · 한국수산학회 창립

1957 · 한국생물과학협회 창립 (대한생물학회 해체)
· 한국식물학회 및 한국동물학회 분리 독립

1959 · 한국미생물학회 창립

1950

HISTORY

자료: 『한국 생태학 100년』 (김준호 저, 서울대학교 출판부)

1960

1960
· 한국 시초의 『동물생태학』 (최기철 저) 출간

1961
· 한국 시초의 『식물생태학』 (김준민 저) 출간
· 한국임학회 창립

1963
· 국제생물학사업(IBP)한국 위원회를 대한민국 학술원에 설치
· 한국자연및자연자원보존 학술위원회(KCCN) 설립

1965
· 한국자연 및 자연자원 보존 학술위원회를 한국 자연 보존위원회로 개칭

1966
· 한국해양학회 창립

1967
· 한국육수학회 창립

1980

1980
· 환경청 발족, 국립환경연 구소 환경생물과에서 생 태학 연구 수행

1981
· 한국환경생물학회 창립

1986
· 환경부 제 1차 자연환경 전국조사(1986~1990) 실시

2000

2002
· 제8회 세계생태학대회 (INTECOL) 개최 (서울)

2004
· 제1차 동아시아생태학회 (EAFES) 개최 (목포)
· 국가장기생태연구사업 (2004~2013) 시작
· 『한국 생태학 100년』 (김준호 저) 출간

2007
· 4대강 수생태건강성 조사 및 평가사업 시작

2008
· 제 10회 람사르협약 총회 개최 (창원)

2010
· 제4차 동아시아생태학 회(EAFES) 개최 예정 (상주)

1970
· 한국곤충학회 창립

1974
· 한국자연보존위원회를 한국자연보존협회로 개칭

1976
· 한국생태학회 창립

1977
· 환경보전법 제정

1978
· 자연보호헌장 선포

1970

1990
· 환경청이 환경처로 승격

1991
· 자연환경보전법 제정

1994
· 환경처가 환경부로 승격

1997
· 환경부 제2차 자연생태계 전국조사 (1997~2002) 실시

1990

2010년은 유엔이 정한 생물다양성의 해이다. 생물다양성은 자연이 우리에게 주는 생태계서비스의 핵심이다. 하지만 이러한 생물다양성이 왜 중요한지에 대한 공감이 아직 우리 사회에서는 매우 부족하다.

그래서 우선 생물다양성이 우리 삶에서 중요한 이유를 먼저 살펴보았다. 또한 생물다양성과 관련된 개념들을 알아보고 지구상에서 가장 생물다양성이 높으면서도 위협을 받아 우선 보전해야 하는 중요지역을 그림으로 나타내 보았다. 이 그림을 보면 보전 중요지역이 대부분 열대에 집중되어 있는 것을 볼 수 있다. 이러한 열대지방에서 식물과 곤충 연구를 수행한 예를 살펴보고, 생물다양성을 지키기 위한 국제협약인 생물다양성협약에 대해서도 알아보았다.

우리나라의 생물다양성 현황을 보면 습지가 가장 생물다양성이 높은 생태계 중의 하나이다. 우리나라 습지에 대해서 알아보고 특히 최근에 습지생태계로 재인식되고 있는 논에 대해서 다루었다. 이번 특집을 통해서 생물다양성에 대한 이해가 깊어지고 우리 이웃 생물들을 지킬 수 있는 계기가 되길 바란다.

활엽수와 침엽수가 공존하고 강수량이 많아 깃들어 사는 생물들의 다양성도 높은 열대산악지대 운무림의 모습. 말레이시아 키나발루산 메실라우(Mesilau) 지역 ⓒ배상원

Ecology and
Biodiversity

특집 생태와 생물다양성

생물다양성은 왜 중요한가

환경 파괴의 경고 속에 생물다양성 훼손에 대한 우려가 날로 커지고 있다. 유엔이 정한
'생물다양성의 해'를 맞아 생물다양성의 중요성에 대한 새로운 인식이 필요한 시점이다.

글 최재천 (이화여자대학교 에코과학부 교수)

생물학자들은 지금 수준의 환경 파괴가 계속된다면 2030년경에는 현존하는 동식물의 2%가 절멸하거나 조기 절멸의 위험에 처할 것이라고 추정한다. 이번 세기의 말에 이르면 절반이 사라질 것이라고 경고한다. 미국에서 박사학위 과정을 밟던 1980년대 내내 나는 중남미 열대우림에 드나들었다. 코스타리카 고산지대의 몬테베르데 운무림 보존지구(Monteverde Cloud Forest Preserve)에서 아즈텍개미(Aztec ants)의 행동과 생태를 연구하던 시절 어느 날 밤 숲 속에서 나는 눈이 부시도록 아름다운 오렌지색의 황금두꺼비(golden toad)를 보았다. 어른 한 사람이 제대로 들어앉기도 비좁을 정도의 물웅덩이에 언뜻 세어봐도 족히 스무 마리는 넘을 듯한 수컷 두꺼비들이 마치 우리 옛 이야기 '선녀와 나무꾼'에 나오는 선녀들처럼 멱을 감고 있었다. 그들에게 방해가 될까 두려워 숨소리마저 죽인 채 나무 뒤에 숨어 그들을 관찰하는 내 모습은 영락없는 나무꾼이었다. 다만 그들이 수컷 선녀들이란 게 아쉬울 뿐이었다. 그들은 고혹적인 몸매를 뽐내려는 듯 다리를 길게 뻗기도 하고 물웅덩이에 첨벙 뛰어들어 헤엄을 치기도 했다. 그 해 1986년 나는 그들을 딱 두 번 보았고 그게 내가 그들을 본 처음이자 마지막이었다.

　　1960년대 중반 황금두꺼비를 처음으로 발견한 생물학자는 누군가가 그 두꺼비를 통째로 오렌지색 에나멜 페인트 통에 담갔다 꺼낸 것은 아닐까 의심했다고 한다. 깜깜한 열대 숲 속에서 손전등 불빛에 비친 황금두꺼비들을 보면 정말 그들이 실제로 존재하는 동물인가 되묻게 된다. 그런 그들을 과학자들이 마지막으로 본 것은 1989년 5월 15일이었다. 결국 국제자연보호연맹(IUCN)은 2004년 그들을 완전히 절멸한 것으로 보고했다. 1960년대부터 세계적으로 개구리를 포함한 양서류의 개체수가 적어도 매년 2%씩 감소하고 있다. 우리 주변에서 개구리, 두꺼비, 맹꽁이, 도롱뇽들이 사라진다고 해서 금방 지구의 종말이 오는 것도 아닌데 뭘 그리 호들갑이냐고 반문하는 이가 있다면, 나는 그런 사람은 더 이상 21세기의 지식인으로 인정받을 수 없다고 생각한다. 지난 세기말 미국 뉴욕자연사박물관은 여론조사기관 해리스에 의뢰하여 저명한 과학자 400명을 대상으로 설문조사를 실시했다. 그들은 현대 인류사회를 위협하는 가장 심각한 사회 및 환경문제로 생물다양성의 고갈을 들었다. 2010년은 유엔이 정한 '생물다양성의 해'이다. 이 해가 저물기 전에 보다 많은 사람들이 생물다양성의 중요성에 대한 새로운 이해를 얻기 바란다.

　　경제학자 아담 스미스(Adam Smith)는 『국부론』에서 사회를 구성하고 있는 개개인이 모두 자기 자신의 이익을 위해서 노력하면 사회 전체가 부유해지고 번영하며, 그러한 과정은 이른바 '보이지 않는 손'에 의해 통제되는 시장경제에 기초한다고 설명했다. 이에 따르면 자유교환의 손익은 거래의 구성원에 달려 있다고 가정하지만 때로는 교환에 직접 관여하지 않은 이들이 손해를 보거나 이익을 보는 경우가 발생한다. 이

러한 손해나 이익을 경제학에서는 외계(externality)라 부르는데 인간의 경제활동에 의해 환경이 피해를 입게 되는 경우가 그 대표적인 예다.

맑은 공기, 깨끗한 물, 비옥한 땅, 훌륭한 경관, 생물다양성을 비롯한 모든 자연자원은 이른바 공유자원이다. 기업, 정부, 심지어는 개인들도 종종 이런 자원을 해치는 이른바 '공공자산의 비극'을 범한다. 생물다양성과 자연자원의 가치를 증명하고 측정하는 일은 매우 복합적인 문제이지만 최근 환경경제학의 발달로 서서히 체계를 잡아가고 있다. 지금으로부터 10여 년 전 우리나라가 IMF 구제금융사건을 겪었을 때 그나마 다행이었던 점은 모든 물가가 폭등하는 가운데에서도 달걀 가격은 그리 심하게 오르지 않았다는 것이다. 달걀 값이 오르면 그에 따라 줄줄이 오를 온갖 음식물의 종류를 열거한다면 거의 끝도 없을 것이다. 하루에 거의 하나씩 달걀을 낳아 주는 닭들이 최근 조류독감으로 고생하고 있다. 조류독감으로 의심된다는 농부의 신고만 접수되면 우리 정부는 곧바로 닭장 전체를 끌어 묻는다. 우리 인류가 오랫동안 알을 잘 낳는 닭을 인위적으로 선택해온 바람에 우리가 기르는 닭들은 사실은 거의 복제닭 수준으로 유전자 다양성을 상실했다. 언젠가 제대로 된 바이러스의 공격을 받으면 거의 모든 닭들이 사라질지도 모른다. 그런 일이 정말 일어난다면 우리는 메추리알로 만족하거나 아니면 닭의 조상인 동남아시아 정글의 멧닭(jungle fowl)을 데려다 다시 가축화 과정을 거쳐야 한다. 그 과정이 엄청나게 긴 시간을 요구할 것은 말할 나위도 없지만 만일 멧닭마저 야생에서 멸종하고 만다면 아예 시작조차 하지 못하게 될 것이다.

나는 환경 관련 대중강연을 할 때 종종 젠가(Jenga)라는 게임을 소개한다. 직육면체의 나무토막들을 가지런히 쌓아 올린 후 하나씩 빼다가 전체 구조물이 무너지면 끝이 나는 게임이다. 생태학은 아직 자연계의 모든 종들 간의 관계를 제대로 파악하지 못하고 있다. 핵심종(keystone species)이나 깃대종(flag species)의 절멸만 걱정할 일이 아니다. 언제 어떤 종이 사라졌을 때 생태계 전체가 와르르 무너져 내릴지 아무도 모른다. 그 동안 당장 돈을 벌어들이는 학문이 아니라고 생각했던 생태학을 국가적 차원에서 적극 지원해야 하는 이유가 여기에 있다. 이제 더 이상 개발이냐 보전이냐를 논의할 여유가 없다. 환경을 파괴하면서 경제개발을 달성하던 회색성장의 시대가 가고 환경을 보전하며 경제개발을 도모하는 녹색성장의 시대가 열렸다. 보전을 생각하지 않는 개발이 조금만 더 지속된다면 우리 자신의 미래도 장담할 수 없다. 🐸

생물다양성이란?

현재 지구의 엄청난 생물다양성은 38억 년에 걸친 생물 진화의 산물이다.
생물다양성의 개념과 생물다양성이 생태계에서 갖는 의미, 특히 생태계서비스에 대해
관심을 갖게 된 지는 그리 오래되지 않았다.

글 박상규 (아주대학교 자연과학부 교수)

2010년은 생물다양성의 해

2010년은 2006년 유엔 총회에서 정한 생물다양성의 해이다. 생물다양성의 해를 지정하면서 인간의 삶에 미치는 생물다양성의 중요성에 대한 인식을 높이고, 생물다양성의 손실 속도를 멈추는 데 기여하고자 하는 것이다. 생물다양성 협약 사무국이 생물다양성의 해 활동을 조정하는 역할을 맡았다.

생물다양성이란?

생물다양성이라는 용어는 보전생물학에서 쓰이기 시작해 1980년대에 널리 퍼지게 되었고 특히 1988년 이후 생태학자 에드워드 윌슨에 의해 대중화되었다. 생물다양성은 현재 '한 지역의 유전자, 종, 생태계의 총체'로 말할 수 있는데 생물의 다양한 변이를 유전자, 종, 생태계 수준 모두에서 찾아낸다. 현재 지구의 엄청난 생물다양성은 38억 년에 걸친 생물 진화의 산물이며 이 기간 동안 생물다양성은 몇 번의 대멸종 사건을 제외하고 꾸준히 증가해 왔다.

유전다양성, 종다양성, 생태계다양성이란?

현재의 생물다양성 개념은 유전다양성, 종다양성 및 생태계다양성이라는 세 수준의 다양성을 모두 포함한다. 가장 일반적으로 많이 쓰이는 생물다양성은 종다양성 (species diversity)이고 어떤 지역에 생물 종이 얼마나 있으며 여러 종들이 고루 있는지를 나타내는 개념이다. 『내셔널 지오그래픽』 2010년 2월호에 'Within one cubic foot'라는 기사에서 1입방 피트 (1 ft^3 = 0.028 m^3) 안에 있는 모든 눈에 보이는 생물들의 종류를 사진으로 나타낸 것이 종다양성의 좋은 예이다. 물론 이 예에서는 눈에 보이지 않는 미생물들의 종다양성은 반영되지 않았다. 최근 DNA 수준의 분자생물학적 연구가 많이 이루어지면서 한 종 안에도 다양한 유전적인 특성을 가지고 있는 것이 강조되고 있는데 이를 유전다양성이라고 한다. 사람의 경우 DNA정보를 이용하여 친자확인 소송이 가능한 것도 사람이라는 종 내에 개체 단위로 판별이 가능할 만큼 유전다양성이 존재하기 때문이다. 지리적으로 고립되어 유전자 왕래가 적은 개체군의 경우 다른 개체군과 상당히 다른 유전자 조성을 보일 수도 있다. 생태계다양성이란 어떤 지역에 있는 서식처와 생태계의 다양함을 뜻하는데 한 서식처 또는 생태계는 수많은 생물종과 그에 따른 유전적 다양성을 포함하므로 생태계의 다양성을 지키는 일은 생물다양성 보존에서 매우 중요한 일이 된다.

생물다양성은 생명
생물다양성은 우리의 삶 [2]

종수가 같으면 종다양성도 같을까?

생물다양성의 세 수준 중에서 가장 쉽게 측정할 수 있고 가장 많이 쓰이는 종다양성은 어떤 지역에 얼마나 생물종이 많은지(종풍부도)와 얼마나 이들이 고르게 분포하는지(종균등도)를 종합하는 개념이다. 생물종이 많으면 당연히 종다양성도 높겠지만 종수가 같다면 생물들의 개체수가 고른 곳이 더 생물다양성이 높게 된다. 같은 종수라도 한 종이 압도적으로 많이 우점한다면 생물다양성은 떨어지게 된다.

생물다양성과 생태계 안정성과의 관계는?

종다양성이 높은 생태계가 그렇지 않은 생태계보다 더 안정한지 어떤지에 대한 연구는 몇 십년 동안 생태학자들의 관심을 받아온 주제였다. 생태계가 안정하다는 것은 태풍이나 가뭄과 같은 교란이 외부에서 왔을 때 생태계의 기능을 잘 잃지 않고 또 기능을 많이 잃었더라도 빨리 회복하는 것을 말한다. 만약 종다양성이 높은 생태계가 종다양성이 낮은 생태계보다 더 안정하다면 생물다양성을 보존해야지만 생태계가 붕괴되지 않고 그 기능을 유지할 수 있기 때문에 인류의 생존에도 매우 중요한 이슈가 된다. 이러한 생물다양성과 생태계 안정성에 대한 가장 유명한 연구는 미국의 틸만(David Tilman)이 미네소타주의 시다크릭(Cedar Creek) 장기 생태연구지에서 1982년부터 장기간 수행한 연구이다. 틸만은 이 연구에서 초본식물의 종다양성이 높은 곳이 가뭄과 같은 교란에도 수확량이 크게 줄지 않아 교란에 대한 내성이 높고 안정성이 높음을 보였다.

생물다양성의 경제적 가치: 생태계서비스

생태계서비스(Ecosystem services)라는 말은 생물 군집이 중심인 자연 생태계가 인간의 삶을 유지하고 충족시켜주는 서비스를 제공한다는 의미로 그레첸 데일리(Gretchen C. Daily)가 1997년에 만들었다. 생물 군집과 생태계가 사람들에게 필요한 서비스를 제공한다는 생각은 플라톤 등 이전부터 있어 왔지만 생태학 및 경제학 등 현대적인 학문에 의해 제기된 것은 최근

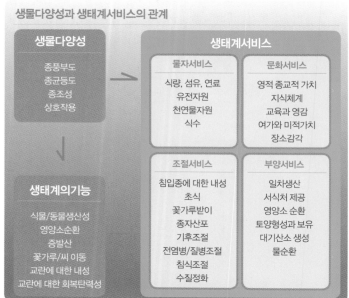

이다. 이러한 생태계서비스에는 토양 침식 억제, 수질 정화, 꽃가루받이, 야생동물 서식지, 해충 방제를 대표적으로 들 수 있다. 최근에 상영된 꿀벌대소동(Bee Movie)에서 벌들이 일을 하지 않자 모든 식물들이 번식을 못하게 되는 장면이 이러한 생태계가 제공하는 서비스의 한 사례를 잘 보여 주고 있다. 이러한 생태계서비스의 가치를 돈으로 환산하는 것에 대해 많은 논란이 있지만, 콘스탄자(R. Constanza)는 전세계의 생물권은 최소한 연간 약 33조 달러에 해당하는 서비스를 제공한다고 추정한 적이 있다. 이 당시 전 세계의 국민총생산의 합은 연간 약 18조 달러였다. 이러한 생태계서비스는 대부분 생태계의 기능으로 생태계의 중심 요소인 생물 군집에 당연히 의존하기 때문에 생물다양성의 감소는 생태계서비스의 감소로 이어진다고 여겨진다.

무엇이 생물다양성을 높이나?

전 지구적으로 육상에서 생물다양성이 높은 곳은 열대지방의 열대우림과 산호초 지대이다. 반면에 극지방으로 갈수록 생물다양성은 대체로 낮아지는데 이를 보면 생물다양성이 지구에 도달하는 태양에너지와 연관이 있음을 알 수 있다. 또한 물이 부족한 사막에서는 생물다양성이 낮다. 이러한 태양에너지와 물 이외에 서식처의 다양성도 매우 중요한데 생물이 살아가는 서식처가 특정 지역 내에 다양하게 존재할수록 생물다양성은 높다. 이러한 서식처의 다양성 때문에 어떤 생물이 살아가는 서식지 면적이 넓을수록 그 속의 생물다양성은 일반적으로 증가하는 패턴을 보인다.

또한 핵심종(keystone species)도 생물다양성을 높이는 데 중요한 역할을 하는 종이다. 핵심종은 쐐기종이라고도 하는데 아치 형태의 다리에 있는 쐐기돌(keystone)처럼 군집에서 차지하는 부분은 적으나 이 종이 사라지면 군집이 무너질 정도로 중요한 역할를 하는 종을 일컫는 말이다. 보통 포식자가 먹이들에게 부정적인 영향만 준다고 생각하기 쉬운데 페인(R. Paine)이 바닷가 암반지대에서 실험한 결과에 의하면 포식자인 불가사리를 제거하면 불가사리의 먹이 중 일부가 엄청나게 늘어나 종다양성이 오히려 감소하는 것을 보여 주었다. 이렇게 핵심종의 포식에 의해서도 군집 전체의 생물다양성이 높게 유지될 수 있다. ❹

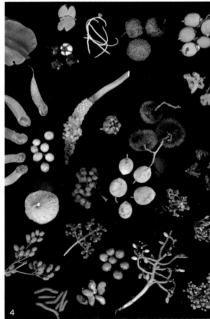

생물다양성에 대한 잘못된 생각

1. 생물다양성이 높은 것이 항상 좋다?

생물다양성은 보통 종수가 많으면 높다고 여겨지며 생물종이 많으면 많을수록 무조건 좋은 것이라 생각하기 쉬운데 이는 잘못된 생각이다. 자연적으로 서식하는 생물의 종수가 매우 낮은 곳도 많으며 대표적인 곳이 사막 생태계이다. 이러한 사막생태계에도 오랜 세월 동안 사막 환경에 진화적으로 적응한 희귀한 생물들이 군집을 형성하고 있다. 따라서 생물다양성이 높은 것이 좋다고 그곳에 살지 않는 생물들을 이식하거나 이주시킨다면 생태계다양성을 감소시켜 전체적으로는 생물다양성이 낮아지게 만들 수 있다. 서울시정개발연구원이 5년마다 조사하는 최근의 한강 생태계 조사(2006~2007)에서 전에 없었던 비단잉어, 이스라엘잉어, 중국산 붕어가 조사되었는데 이런 어류종수의 증가는 인위적인 방류나 방생에 의한 것으로 생물다양성 증가가 꼭 바람직한 것만은 아니라는 것을 보여준다.

2. 토양이 비옥하면 식물 다양성이 높을 것이다?

흙속에 영양분이 많으면 대체로 식물의 생산성이 높아진다. 또한 식물 생산성이 높은 열대지방에서 종다양성이 높은 경향도 있다. 하지만 한 생태계 내에서 식물의 생산성이 높아진다고 식물의 종다양성이 비례해서 높아지지는 않는다. 비료를 많이 주게 되면 높은 영양분에 잘 적응한 소수 식물이 많아져서 우점하게 되어 식물의 종다양성이 오히려 떨어지게 된다. 실제로 앞서 언급된 틸만은 시다크릭 실험에서 비료를 주는 양을 조절하여 종수가 적은 곳과 많은 곳을 다양하게 만들어냈다.

3. 멸종과 생물다양성은 관계없다?

한 종이 지구상에서 완전히 사라지는 멸종은 일단 종다양성을 감소시키고 그 종이 가진 유전다양성이 사라지고 또 그 종과 연관된 수많은 다른 종들의 생존을 위협해서 크게는 생태계다양성 감소로도 이어질 수 있다. 따라서 멸종과 생물다양성 감소는 동전의 양면과도 같은 개념이다. 한편 종이 멸종되지 않고 개체수가 줄어드는 것도 유전다양성을 감소시키고 시간이 경과하면 종다양성 감소로 이어질 수 있기 때문에 생물다양성을 위협하는 것이 된다.

4. 우리나라에서 어떤 종이 사라지면 그 종은 멸종된 것이다?

멸종은 전 지구적으로 어떤 종이 사라지는 것을 말한다. 우리나라에만 살던 종이라면 멸종된 것이지만 다른 나라에도 있는 종이라면 그것은 지역적으로 종이 사라진 것으로 정확하게는 지역적으로 절멸되었다고 말한다.

3 미국 미네소타주 시다크릭 장기생태연구중 틸만의 실험장소 전경. 종다양성이 높은 곳이 교란에 대한 내성이 높고 안정성이 높음을 보였다.
©David Tilman
4 열대 열매의 다양성
©Christian Ziegler

생물다양성 보존 중요지점

생물다양성 보존을 위한 '중요지점(hot spots)'은 고유식물이 1,500종 이상이고 서식지 파괴가
70% 이상 진행된 지역으로, 국제보호협회(Conservation International)에서 지정한 34곳이다.
중요지점의 면적은 지표면의 1.4%에 불과하지만 멸종위기 육상척추동물(포유류, 조류, 양서류)의
3/4 이상과 멸종위기 식물의 절반 정도를 포함하고 있다.

글 박상규 (아주대학교 자연과학부 교수)

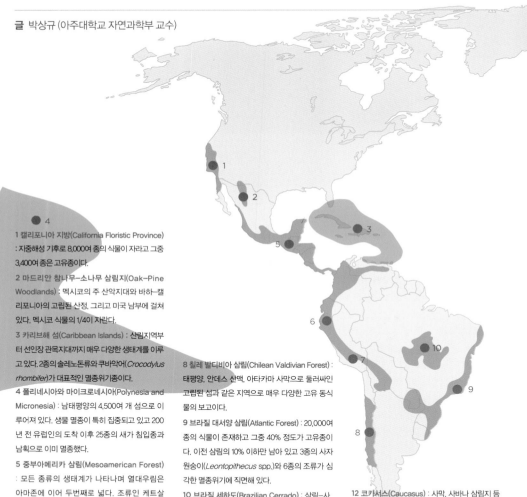

1 캘리포니아 지방(California Floristic Province)
: 지중해성 기후로 8,000여 종의 식물이 자라고 그중
3,400여 종은 고유종이다.

**2 마드리안 참나무-소나무 삼림지(Oak-Pine
Woodlands)** : 멕시코의 주 산악지대와 바하-캘
리포니아의 고립된 산정, 그리고 미국 남부에 걸쳐
있다. 멕시코 식물의 1/4이 자란다.

3 카리브해 섬(Caribbean Islands) : 산림지역부
터 선인장 관목지대까지 매우 다양한 생태계를 이루
고 있다. 2종의 솔레노돈류와 쿠바악어(*Crocodylus
rhombifer*)가 대표적인 멸종위기종이다.

**4 폴리네시아와 마이크로네시아(Polynesia and
Micronesia)** : 남태평양의 4,500여 개 섬으로 이
루어져 있다. 생물 멸종이 특히 집중되고 있고 200
년 전 유럽인의 도착 이후 25종의 새가 침입종과
남획으로 이미 멸종했다.

5 중부아메리카 삼림(Mesoamerican Forest)
: 모든 종류의 생태계가 나타나며 열대우림은
아마존에 이어 두번째로 넓다. 조류인 케트살
(*Pharomachrus* spp.), 하울러원숭이(*Alouatta
coibensis*) 등의 수많은 동물들과 17,000여 종의
고유 식물종이 살고 있다.

**6 툼베스-초코-막달레나(Tumbes-Choco-
Magdalena)** : 북쪽의 중부아메리카 삼림과 동쪽
의 안데스 사이에 위치한다.

7 열대 안데스(Tropical Andes) : 지구에서 가장
종다양성이 풍부한 지역으로 세계 육지의 1% 이하
의 면적에도 세계에서 6번째로 많은 45,000여 종
의 식물과 3,000여 종의 척추동물을 보유하고 있다.

8 칠레 발디비아 삼림(Chilean Valdivian Forest) :
태평양, 안데스 산맥, 아타카마 사막으로 둘러싸인
고립된 섬과 같은 지역으로 매우 다양한 고유 동식
물의 보고이다.

9 브라질 대서양 삼림(Atlantic Forest) : 20,000여
종의 식물이 존재하고 그중 40% 정도가 고유종이
다. 이전 삼림의 10% 이하만 남아 있고 3종의 사자
원숭이(*Leontopithecus* spp.)와 6종의 조류가 심
각한 멸종위기에 직면해 있다.

10 브라질 세하도(Brazilian Cerrado) : 삼림-사
바나 지대로 건기가 특히 길어 건조와 불에 적응한
식물종이 다양하다. 큰개미핥기(*Myrmecophaga
tridactyla*), 재규어(*Panthera onca*) 등 대형 포유
류들이 있지만 농경지와 초지의 확대로 서식지가
위협받고 있다.

11 지중해 유역(Mediterranean Basin) : 지중해성
기후를 보인다. 식물다양성이 매우 높아 22,500여
종의 고유 식물종이 자란다. 지중해몽크바다표범
(*Monachus monachus*), 바바리원숭이(*Macaca
sylvanus*) 등이 대표적인 멸종위기종이다.

12 코카서스(Caucasus) : 사막, 사바나 삼림지 등
으로 이루어져 있으며 많은 식물 고유종과 멸종위기
의 코카서스산염소(*Capra* spp.) 2종이 살고 있다.

13 이란 아나톨리아 삼림(Irano-Anatolian) : 지
중해 유역과 아시아 서부의 건조 고원 사이의 자
연적인 장벽으로 작용하는 산악 및 분지 지역으로
많은 고유종이 있다.

14 중앙아시아(Central Asia) : 빙하에서 사막까지
다양한 생태계를 이루며 극도로 위협받고 있는 여
러 열매 품종의 기원식물이 자란다. 풍부한 유제류
동물상을 보인다.

15 기니 삼림(Guinean Forest) : 아프리카 서부의 저지대 삼림에는 20종 이상의 영장류를 포함하여 아프리카 포유류의 1/4 이상이 살고 있다.

16 서큘런트 카루 지역(Succulent Karroo) : 고유 식물의 비가 69%로 매우 높으며 특히 세상에서 가장 풍부한 다육성식물상을 보인다.

17 케이프 식물구(Cape Floristic Region) : 지중해성 기후로 불에 의존하는 상록성 관목지대이다. 열대 지방을 제외하고는 육상식물의 다양성이 가장 높다.

18 마푸타랜드-폰도랜드-알바니(Maputaland-Pondoland-Albany) : 남아프리카의 동쪽 해안을 따라 위치하며 식물종 분화의 주요 중심지역이다. 난대림에는 600종에 가까운 나무 종들이 사는데 세계에서 가장 높은 나무 다양성이다.

22 아프리카의 뿔 지역(Horn of Africa) : 전체가 건조지역으로 수많은 고유종이 서식하고 있다.

23 서인도와 스리랑카(Western India and Sri Lanka) : 매년 우기가 찾아오는 높은 산악지역으로 풍부한 식물, 파충류 및 양서류 고유종들이 산다. 스리랑카에만 140여 종의 파충류가 살고 있다.

24 히말라야(Himalaya) : 세계에서 가장 높은 산악지대로 지질학적으로 갑자기 융기해서 충적토 초지, 난대활엽수림, 고산초원 등 다양한 생태계가 생겨났다.

25 인도-버마(Indo-Burma) : 인도 동부, 중국 남부 및 동남아시아 대부분을 포함한다. 진귀한 종이 계속 발견되고 있다.

26 중국 남서부 산악지대(Southwest China) : 기후와 지형이 급격히 변화하는 지역으로 세계에서 가장 풍부한 온대 식물이 자라고 있다.

30 월리시아(Wallacea) : 생물들이 너무나 다양해서 모든 섬이 보호받을 정도이다. 조류 다양성은 열대 안데스 지역 다음으로 높다.

31 호주 남서부(Southwest Austrailia) : 지중해성 기후를 보이면서도 사막과 건조 관목지대가 있어 다른 지역과 구별된다.

32 동멜라네시아 섬(East Melanesian Islands) : 세계에서 가장 지리적으로 복잡한 곳 중 하나로 적응방산에 의해 엄청나게 다양한 종들이 살고 있다.

33 뉴칼레도니아(New Caledonia) : 매우 적은 면적이지만 고유한 5과에 속하는 식물들이 자랄 정도로 식물 다양성이 높다. 세계에서 유일한 기생성 구과식물이 산다.

34 뉴질랜드(New Zealand) : 주위 대륙으로부터 오랜 기간 동안 고립되었기에 매우 다른 생물상을 보인다. 한때 온대 우림이 우점했던 뉴질랜드는 다양한 고유종이 살고 있다.

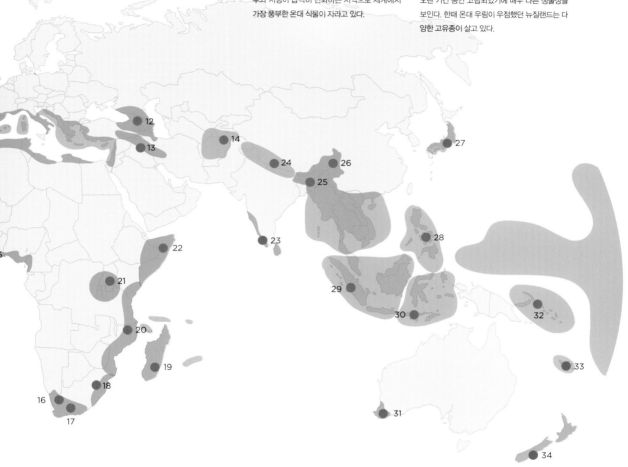

19 마다가스카르/인도양 섬(Madagascar/Indian Ocean Islands) : 세계 어디에도 없는 8과 식물, 4과 조류, 5과 영장류가 살고 있다.

20 동부 아프리카의 해안 삼림지역(Coastal forests of eastern Africa) : 면적이 좁고 쪼개져 있지만 높은 생물다양성을 보인다. 아프리카제비꽃 품종의 기원 식물이 자란다.

21 아프리카동부산악지역(Eastern Afromontane) : 아프리카의 동쪽 해안을 따라 흩어져 있는 산악지대이다. 리프트 지역에는 포유류, 조류, 양서류 고유종들이 아프리카에서 가장 많이 살고 있다.

27 일본(Japan) : 섬들이 남쪽의 습한 아열대 지역에서 북쪽의 아한대 지역까지 퍼져 있어 다양한 기후와 생태계를 이루고 있다.

28 필리핀(Philippines) : 아시아 대륙과 연결된 적 없어 코끼리, 코뿔소, 호랑이 등이 존재하지 않았다. 6,000종 이상의 식물과 세부꽃새(Dicaeum quadricolor) 등 많은 조류들이 살고 있다.

29 순다랜드(Sundaland) : 순다랜드의 경계는 월러스 선으로 월리시아 지역과 동물상이 분명하게 구별된다. 목재산업의 폭발적인 성장과 동물 거래 등으로 동식물이 급격히 감소하고 있다.

'biodiversity hot spots'는 생물다양성 집중지역, 핵심지역, 위험지대, 중심지, 긴급지역 등 다양하게 번역되어 왔으나 국제보호협회의 정의에 따르면 '생물다양성이 높고 위협받는 곳'이므로 생물다양성 보존을 위해 중요한 지점이라는 의미로 '생물다양성 보존 중요지점'으로 옮겼다.

열대림의 생물다양성과
필리핀 열대우림 연구

생물종 절반 이상이 살고 있는 열대림은 생물다양성이 놀랄 정도로 높다. 그중 필리핀의
열대우림에 관한 연구는 2000년에 시작하여 현재도 진행하고 있다.

글 · 사진 조도순 (가톨릭대학교 생명과학과 교수)

열대림은 지구 육지 면적의 7%만 차지하고 있으나 모든 생물종의 절반 이상은 여기서 발견된다. 열대림은 과학적 조사가 가장 덜 이루어진 장소로 그 속의 많은 동식물종들은 아직 학명조차 없다. 그러나 대부분의 열대림은 인구증가율과 개발 압력이 매우 높은 개발도상국에 위치하고 있어 보전상의 여러 가지 문제가 발생하고 있다. 열대림의 생물다양성은 놀랄 정도로 높다. 벌목된 적이 없는 열대림 1차림은 1ha에 약 100에서 250종 사이의 나무가 살고 있다. 브라질에서는 1ha에 450종의 나무가 조사된 적도 있다. 말레이시아 보르네오 섬에서는 50ha의 영구방형구에서 835종의 나무가 조사되었는데 이는 우리나라 남북한 전체의 나무 종수와 맞먹는다.

열대림의 생물다양성이 높은 이유는 여러 가지가 있다. 열대지방의 생산성이 높고 수직구조가 잘 발달한 점, 포식 등 생물종 사이의 상호관계가 복잡한 점, 기후가 안정하고 생태계가 오래 되어서 경쟁을 통하여 다양한 진화가 일어난 점 등이 높은 다양성을 만든 것으로 생각되어 왔다. 그러나 많은 사람들은 열대지방이 태풍이 많이 부는 등 환경이 안정하지 못하다고 생각하고 있으며 오히려 홍수, 가뭄, 산불 등 적절한 자연적 교란이 자주 일어나서 다양성이 높다는 중간교란가설이 많은 지지를 받고 있다.

필자가 필리핀 열대우림을 연구하게 된 것은 한아세안환경협력사업(AKECOP: ASEAN-Korea Environmental Cooperation Project)에 참여하면서부터이다. 이 사업은 우리나라 외교통상부의 지원으로 이루어지고 있으며 2000년에 시작하여 현재도 진행중에 있다. AKECOP 사업은 크게 4부분으로 나누어진다. 하나는 ASEAN 국가 연구자들의 생태계 복원 연구 지원이고 또 다른 하나는 한국 연구자의 동남아시아 열대림 생태연구 지원이다. 그 외에도 ASEAN 국가의 연구자들을 우리나라에서 대학원과정을 이수케 하는 교육 과정과 훈련 프로그램이 있으며 정보교환을 위해서 많은 워크숍 및 심포지움을 개최한다.

필자는 필리핀 루손 섬의 마킬링 산(Mt. Makiling)에서 열대우림의 군집동태를 장기적으로 연구하기 위해서 2002년에 고도 400~600m의 위치에 1ha 크기의 영구방형구를 2곳에 설치하였다. 이 산은 필리핀대학 로스바뇨스 캠퍼스(UP Los Banos)에서 관리하고 있으며 비록 2차 세계대전 중에 선택적 벌목이 이루어진 후 자연복원된 2차림이지만 루손 섬에서는 가장 잘 보전된 열대림의 하나이다. 필자가 이곳에서 수행하였거나 진행중인 연구는 다음의 4가지이다: 열대우림의 군집구조, 교목 유식물의 장기 모니터링, 교란후의 숲틈의 동태, 야생바나나와 고

1 열대림의 특징의 하나는 바람에 쉽게 넘어지지 않도록 대부분의 나무가 줄기에 판자 모양의 날개를 가지는 점이다. 이를 버팀뿌리 또는 판근(buttress)이라고 부른다.
2 2006년 태풍 밀레니오의 내습으로 파괴된 마킬링 산의 열대우림. 줄기만 남은 앙상한 나무는 몇 년 뒤에는 원래의 모습을 회복한다. 태풍, 가뭄 등 자연적 교란이 열대림 생태계에 큰 영향을 준다.

무나무의 생태적 역할. 이곳의 연평균 강수량은 약 2,400mm, 연평균 기온은 26.5℃이다.

　　이 숲의 우점종은 팽나무과의 *Celtis luzonica*, 아욱과의 *Diplodiscus paniculatus*, 그리고 딥테
로캅과의 *Parashorea malaanonan*이며 흉고직경 5cm 이상인 나무의 종수는 ha당 131종이다. 동남아시아
열대림의 특징은 딥테로캅(dipterocarp: 딥테로캅과에 속하는 나무들로서 열매에 날개가 두 개 달려 있다)
이 우점한다는 것인데 조사지의 식생도 *Shorea*, *Parashorea*, *Hopea* 등 딥테로캅이 많아서 '중부산지 딥테
로캅 숲'으로 불린다. 딥테로캅에는 나왕(lauan)을 비롯한 목재가치가 큰 경제수종들이 포함되어 있다. 이
숲에도 또한 열대림의 특징의 하나인 많은 종의 야자(palm)가 자라고 있으며 임관층은 많은 덩굴식물(liana)
과 착생식물로 덮여 있다. 우리나라의 설악산이나 점봉산에서 ha당 약 30종의 나무가 자라며 그것도 신갈나
무의 중요도가 매우 높은 것을 생각하면 이곳의 생물다양성이 온대낙엽활수림으로 덮여 있는 우리나라의
숲에 비해서 굉장히 높다는 것을 쉽게 알 수 있다.

　　교목의 생장과 사망률을 6년 동안 조사한 결과 평소에는 교목의 사망률이 낮고 작은 나무에 국한
되었으나 2006년 9월에 내습한 강력한 태풍 밀레니오(Milenyo)의 영향으로 큰 나무의 사망률이 급격히 증
가하였다. 이 숲의 교목 유식물(seedling)의 생장과 생존율을 장기간 조사한 결과도 교목과 마찬가지로 태풍
이 큰 영향을 끼쳤다. 태풍의 피해를 입은 그 다음해에 비해서 2년 뒤에는 교목 유식물의 수가 수십 배 증가
하였다. 엘니뇨현상이 일어나면 동남아시아 열대림은 가뭄의 피해를 받게 받는데 *Parashorea* 등의 딥테로
캅은 그 때 꽃이 피고 열매가 대량으로 맺히는 매스팅(masting) 현상이 일어난다. 이러한 결과는 이곳의 열
대림에서 태풍이나 가뭄과 같은 자연적 교란이 매우 중요한 역할을 한다는 것을 보여준다.

　　그러나 열대림의 자연적 복원속도는 온대림에 비해서 매우 빠르다. 태풍 밀레니오의 피해를 입
은 직후인 2007년부터 2009년까지 영구방형구 내의 평균 엽면적지수를 측정한 결과 3년만에 4.3에서 6.2
로 매우 빠른 속도로 피해로부터 회복되었다. 이곳의 열대림에서는 태풍이 부는 경우 나무가 뿌리째 쓰러지
기보다는 가지와 잎은 거의 다 부러지고 떨어지지만 줄기만 앙상하게 남아 있는 경우가 많으며 이 상태로 몇

3 크고 화려한 꽃을 피우는 필리핀 고유종 관목인 kapa-
kapa (*Medinilla magnifica*). 고유식물종의 비율은 제주도가
2%인데 비하여 필리핀은 44%이다.
4 무서운 벤자민고무나무 (*Ficus benjamina*). 임관에서
내려온 기근이 서로 붙어가고 있다. 나중에는 숙주를
완전히 둘러싸서 죽이게 된다. 이러한 종류의 고무나무들을
'strangler fig'라고 부른다.
5 마킬링 산에 사는 나뭇잎벌레(leaf-insect). 포식자로부터
살아남기 위한 전략을 보여준다.

년이 지나면 그 나무는 다시 원상회복되는 매우 빠른 복원속도를 보여주고 있다. 태풍에도 나
무가 비교적 잘 쓰러지지 않는 이유는 열대림의 대부분의 나무가 줄기에 버팀뿌리 또는 판근
(buttress)이라고 불리는 판자 모양의 날개를 가지고 있기 때문이다.

　　　태풍이 불면 숲틈(gap)이 많이 생기고 생태계로부터 영양소의 소실이 빠르게 일어
날 수 있지만 아시아의 열대림에서는 교란 직후 야생바나나와 교란에 적응된 일부 고무나무
(*Ficus* 종류)를 비롯한 몇몇 수종이 재빨리 발아하고 생장하여 이를 막아 주고 있다. 마킬링 산
에서 야생바나나와 고무나무의 생태적 역할에 대한 연구는 현재 진행중에 있다.

　　　필리핀의 마킬링 숲에도 매우 다양한 동식물이 자란다. 우리나라의 실내에서 많이
기르는 벤자민고무나무(*Ficus benjamina*)는 실제로 마킬링 산에서는 매우 무서운 식물이다.
새가 씨를 물어다 옮겨 주면 다른 나무의 꼭대기에서 싹이 터서 밑으로 많은 기근이 자라 내려
간다. 기근이 일단 땅에 닿으면 매우 빠른 속도로 자라서 기근끼리 합쳐지고 나중에는 숙주 나
무를 완전히 둘러싸고 마침내는 숙주 나무를 압사시키게 되는데 이러한 고무나무 종류들을 교
살자고무나무(strangler fig)라고 부른다. 이곳의 숲에는 나무의 잎이나 죽은 가지를 꼭 닮은
나뭇잎벌레나 대벌레 등의 독특한 모양의 곤충들도 살고 있다. 또한 많은 식물종이 함께 살고
있기 때문에 식물 사이의 치열한 경쟁을 통하여 꽃가루를 매개시켜주는 동물들을 서로 유인하
기 위하여 꽃이 매우 크고 화려하게 진화된 많은 식물들도 볼 수 있다.

　　　여러 선진국에서는 열대지방의 높은 생물다양성에 관심을 가지고 오래 전부터 열
대림의 생물종을 확보해 왔고 또한 많은 연구를 진행해오고 있다. 이에 비하면 우리나라는 열
대림 연구가 이제 시작단계에 있으며 이웃 일본에 비하면 매우 늦은 편이다. 젊은 생태학도들
이 이제는 해외, 특히 열대지방의 생태계에도 많은 관심을 가지기를 바라며 정부에서도 적극
적으로 해외 생태계 전문가들의 양성에 노력을 기울여야 할 것이다. 生

열대아시아의 곤충다양성

곤충생태학자로서 열대우림을 탐사하지 않고서 어떻게 곤충의 다양성을 논할 수 있을까?
열대우림의 높은 곤충다양성과 적응방식,
그리고 진화의 양상에 대하여 경외심을 표하지 않을 수 없다.

글 · 사진 배연재 (고려대학교 생명과학대학 교수)

열대우림의 한 그루 나무에는 영국 전역에서 알려진 개미 종류보다 더 많은 개미 종류가 서식한다고 한다. 정말 그럴까? 만약 그렇다면 열대우림은 무슨 요술 상자 같은 메커니즘으로 그렇게 많은 곤충 종류를 부양할 수 있을까?

필자도 학창시절에 여느 생태학도처럼 해외원정탐사(expedition)를 꿈꾸었다. 30여 년 전의 우리나라 실정에서는 비행기를 한번 타보는 것이 평생의 소원처럼 여겨지던 시절이었지만 여건이 어려울수록 영화나 TV 다큐멘터리 속의 외국 생태학자들의 탐사 모습은 너무나 근사한 동경의 대상이었다. 그리고 그 동경의 세계 저편에는 늘 열대우림이 자리 잡고 있었다.

필자가 열대의 곤충을 처음 접한 것은 1980년대 후반 박사학위 논문을 쓰면서 미국의 대학 박물관에 소장된 곤충 표본을 관찰할 때였다. 그 곤충 표본은 미국 학자가 1970년대 초반 보르네오 섬에 있는 사바왕국에서 채집한 것이었다. 그 곤충은 필자가 사바강하루살이(*Stygifloris sabahensis*)라고 명명했던 신속(new genus) 신종(new species)의 하루살이였는데, 한눈에 봐서도 너무나 특징적이었으므로 그 곤충이 사는 열대의 서식처와 생태가 무척 궁금하였다. 필자는 그 당시 수서곤충 중에서 굴 파는 하루살이(burrowing mayflies)의 적응과 진화에 대하여 연구하고 있었다. 굴 파는 하루살이는 열대아시아에서 가장 다양한 종류가 알려져 있어서 그들이 서식하는 열대 하천의 서식처 자료가 절실히 필요한 실정이었다. 굴 파는 하루살이는 하천이나 호수의 바닥에 굴을 파고 서식하는데, 몸의 기관이 굴을 파도록 잘 적응되어 있다. 특히, 큰턱이 변형되어 긴 뿔 모양의 '큰턱돌출기'로 되어 있는데, 진흙, 점토, 모래, 자갈 등 하천 바닥의 상태에 따라 굴을 파는 데 사용하는 큰턱돌출기의 모양이 다르고, 또한 굴을 파는 행동 양식도 다르다. 심지어 단단한 통나무에 구멍을 뚫고 사는 종류도 있다. 열대아시아에 굴 파는 하루살이의 종류가 가장 많이 서식한다는 점이 서식처의 다양성과 관련이 있을 것이라는 점은 쉽게 추측할 수 있지만, 어떤 적응과 진화의 과정에서 그들이 굴 파는 하루살이로 진화하였는지 궁금증을 더해주었다.

우리나라에서 열대지역의 곤충다양성을 본격적으로 연구할 수 있게 된 계기는 1990년대 중반, 당시 한국과학재단과 한국학술진흥재단의 연구비 지원이 가능하면서부터라 할 수 있다. 열대우림이라 하면 남미의 아마존이나 아프리카의 밀림을 연상하는데 우리나라에서 지리적, 문화적으로 접근이 용이한 열대우림은 동남아시아의 열대, 아열대 지역이며, 이 지역이 오히려 지구상에서 가장 오래된 원시림을 지닌 생물다양성의 보고인 반면, 미국이나 유럽의 학자들에게는 지리적으로 접근이 어려워 연구가 덜 된 면이 있다. 우리나라에서 1990년대 초반만 해도 해외 생물다양성 연구는 초창기여서 곤충 분야뿐만 아니라 다른 분야에서도 해외의 지인을 통하여 개인적인 차원에서 자료를 수집하던 수준이었다. 그러나 차츰 생물자원의 중요성이

¹ 캄보디아 열대우림의 습지.
곤충다양성의 보고이다.

인식되면서 국가적 차원에서도 관심을 가지게 되었다. 1990년대 후반부터 2000년대 초반에 걸쳐서 한국과학재단 지원의 '열대아시아의 곤충다양성 비교 연구'와 같은 연구과제가 수행되었고, 연구 교류 네트워크 구축 사업, 현지 인력 양성 지원 사업, 현지 Lab 지원 사업 같은 정부의 지원이 늘어나면서 해외 조사 연구는 한층 힘을 받게 되었다. 2007년 환경부에 국립생물자원관이 설립되면서 해외 생물자원 탐사의 중심기관으로서 역할을 하고 있다. 2000년대 후반에 시작된 해외 생물자원 조사사업(국립생물자원관) 등의 사업단이 출범하여 이 분야 연구의 기반이 갖추어지고 있다. 하긴, 선진 외국에서 300년을 공들여 온 해외 생물자원 탐사 연구를 우리나라에서는 20년도 채 안 되는 기간에 따라잡자니 남들이 보면 놀랍다 할지 모르지만, 이것 역시 우리 사회에 만연하고 있는 압축성장의 예를 단적으로 보여준다 하겠다. 그러나 해

외 생물자원에 대한 연구는 현지 생태계에 대한 사전 지식뿐만 아니라 현지국과의 관계를 고려한 인적 네트워크의 구축 등 훨씬 장기적이고 체계적으로 추진해야 할 사업이지 동남아 패키지여행 다녀오듯이 조사가 이루어질 수는 없는 것이다.

그러면 필자가 학창시절 그토록 동경하여 온 열대우림의 곤충다양성 연구는 기대를 충족하여 주고 있는가? 결론부터 말하자면, "그렇다"라고 감히 말할 수 있다. 곤충생태학자로서 열대우림을 탐사하지 않고서 어떻게 곤충의 다양성을 논할 수 있을까? 열대우림의 높은 곤충다양성과 그들의 적응방식, 그리고 진화의 양상에 대하여 경외심을 표하지 않을 수 없다. 위에서 굴 파는 하루살이에 대하여 잠시 언급하였지만, 쉽게 표현하자면 별의별 곤충의 종류가 모두 존재하는 곳이 열대우림인 것이다. 곤충은 종류가 많은 것으로서 경이롭기도 하거니와 막대한 수의 개체들이 열대우림의 다양한 먹이자원을 소비하고 또한 잡아먹힘으로써 열대우림의 생태계를 지탱하고 있다.

곤충은 지금까지 지구상에 알려진 전체 생물종의 절반이 훨씬 넘는 100만 종 가까이 알려져 있지만 열대지역의 곤충은 아직 일부만이 탐사되었을 뿐이다. 열대아시아의 곤충다양성 연구에 대한 기대 섞인 확신에도 불구하고 필자가 그동안 조사하여 온 열대아시아는 전체 면적에 비추어 볼 때 극히 일부 지역에 불과하고, 지난 십 수년 간에 걸친 연구의 진척도 아직은 코끼리의 다리를 만지고 있는 격이라 할 수 있다. 필자와 연구진이 정량적으로 조사한 자료에 따르면 우리나라의 하천에 서식하는 수서곤충 다양성과 비교하여 동남아시아의 아열대 및 열대 하천에 서식하는 수서곤충의 다양성이 2배 정도 높게 나타났으며, 출현종의 80% 이상이 아직 알려지지 않은 미기록종이라는 점은 열대아시아의 곤충다양성 연구가 생태분야에서 소위 블루오션이 될 수 있다는 점을 시사한다.

열대아시아가 다른 지역에 비해서 특히 높은 곤충의 다양성을 보여주는 근본적인 이유는 이 지역이 오랜 지사학적(地史學的) 상황에 놓여 있었기 때문으로 볼 수 있다. 또 다른 이유로는 이 지역이 대륙과 섬으로 이루어져 있으면서 서로 다른 기후대가 교차한다는 점, 열대지역 특유의 안정적인 기후와 환경, 풍부한

미소서식처와 먹이자원, 복잡한 먹이망으로 얽힌 열대우림 군집의 구조적인 특성 등 여러 가설로서 설명된다. 실제로 상기한 수서곤충의 높은 다양성을 설명하는 데에는 지사학적, 기후적 요인과 함께 풍부한 미소서식처와 먹이자원이 더욱 직접적인 원인으로 보인다. 이러한 열대지역의 곤충다양성 양상은 우리 생태학자들이 고민하여 풀어야 할 과제인 것이다.

열대아시아의 곤충다양성은 생태 연구의 대상이 되기도 하고, 생물자원으로서 중요하게 인식되기도 하지만, 우리가 반드시 알아야 할 사항은 곤충을 포함한 그 지역의 생물자원을 우리가 차지하고자 연구하여서는 결코 안된다는 점이다. 우리나라가 일본을 비롯한 서구 열강의 자원 침탈에 신음하였듯이 열대아시아의 대부분 국가들도 서구의 식민 통치를 오랜 기간 경험하였고, 생물자원 침탈의 역사를 아프게 간직하고 있다. 또한 이 지역은 최근 10~20년 사이에 거센 개방과 개발의 급물살을 타고 있으며, 그 여파로 자연 서식처가 심각하게 훼손되어 엄청난 양의 생물다양성이 빠르게 소멸되고 있다. 우리와 우리의 다음 세대가 열대아시아에 대하여 공동으로 추구하여야 할 시대적 사명이 바로 여기에 있다. 지금 우리가 가장 시급히 하여야 할 일은 열대아시아 국가의 연구자들이 스스로 그 지역의 생물다양성을 연구하고 보전할 수 있는 역량을 갖추도록 지원하고 교육을 통하여 도와주는 일이며, 그 지역의 생물다양성 보전을 위하여 함께 협력할 수 있는 협력시스템을 만드는 일이다. 생물다양성협약의 전문에도 명시되어 있듯이 어느 지역의 생물다양성과 생물자원 연구로 파생되는 이익에 대하여는 인류가 함께 누릴 수 있도록 분배의 원칙도 차분히 수립해 나가야 할 것이다.

열대아시아의 곤충다양성 연구는 분명히 우리나라의 생태학자들에게 생태와 진화 연구를 위한 터전을 제공해주고, 생물자원이라는 곳간을 채워줄 것으로 기대된다. 그리고 그곳에 사는 사람들과 아름다운 인연을 맺어 줄 것이다. 우리의 젊은 생태학자들이 용기를 내어 열대아시아의 밀림으로 뛰어들기를 기대한다. 🍀

2 베트남 중부의 열대우림. 곤충다양성의 보고이다.
3 캄보디아 습지에서 채집된 물잠자리류(Calopteryx sp.)
4 라오스 습지에서 채집된 잠자리류(Neurothemis sp.)
5 라오스의 열대밀림에서 채집된 실잠자리류(Heliocypha sp.)

CITES, 국제거래로부터
야생동식물을 지킨다

무분별한 남획으로 인해 많은 야생동식물들이 멸종위기에 처해 있다. 생존을 위협받고 있는
세계 각국의 생물종을 보호하기 위해 국제거래를 규제하고 있는 CITES에 대해 소개한다.

글 한동욱 (PGA습지생태연구소 소장)

CITES란 멸종위기에 처한 야생동·식물종의 국제거래에 관한 협약(Convention on International Trade in Endangered Species of Wild Flora and Fauna)으로 야생동식물종의 국제적인 거래로 인한 동식물의 생존 위협을 방지하기 위해 1973년 3월 3일 워싱턴에서 조인되어 1975년부터 발효되었고 우리나라는 1993년 7월에 가입하였다. 이 협약의 부속서(부록)에는 국제무역에서의 불법적인 야생동식물 유통에 대응하기 위해 5,000여 종의 동물과 28,000여 종의 식물 등 약 33,000종의 생물종이 등재되어 보호받고 있으며, 무역으로 인한 위협 정도와 적용되는 규율 정도에 따라 부속서 I, II, III으로 나눠진다.

부속서 I에 속한 종은 멸종위기에 처한 생물종 중 국제거래로 영향을 받거나 받을 수 있는 종으로 이들은 무역이 중지되지 않으면 멸종될 생물종이다. 특별히 허가된 경우가 아니면 야생에서 포획·수집된 종의 거래는 금지된다. 그러나 예외 조항에 따라 부속서 I의 생물종 중에서 사육된 동물이나 재배된 식물의 경우 부속서 II 종으로 간주된다. 수출국의 관리기관은 야생동물 군집에 손상이 없다는 사실인정('non-detriment' finding)을 해야 하고 수입자가 생물군집에 불법적인 영향을 끼치지 않았음을 증명해야 한다. 고릴라(Gorilla gorilla), 침팬지류(Pan spp.), 호랑이(Panthera tigris ssp.), 아시아 사자(Panthera leo persica), 표범(Panthera pardus), 재규어(Panthera onca), 아시아 코끼리(Elephas maximus), 아프리카 코끼리(Loxodonta africana), 듀공과 해우(海牛, manatee), 코뿔소류(남아프리카의 일부 아종 제외) 등의 동물이 포함되어 있다.

부속서 II에 속한 종은 현재 멸종위기에 처해 있지는 않지만 국제거래를 엄격하게 규제하지 않을 경우 멸종위기에 처할 수 있는 종과 부속서 I에 등재되어 있는 종과 혼동되기 쉬운 종들이다. 수출국의 관리기관은 야생동물 군집에 손상이 없다는 사실인정과 수출허가가 필요하다. 부속서 I에 수록되지 않은 모든 앵무새류, 고양이류, 악어류, 왕뱀, 난초류, 선인장류 등이 포함된다. 부속서 III에 속한 종은 CITES 당사국이 이용을 제한할 목적으로 자기 나라의 관할권 안에서 규제를 받아야 하는 것으로 확인하고 국제거래규제를 위하여 다른 당사국의 협력이 필요하다고 판단한 종으로 규정된다. 이 종들은 반드시 국제적인 멸종위기에 처한 것은 아니며 어느 한 국가가 CITES 당사국들을 대상으로 무역단속 협조를 요청한 것으로 수입을 위해서는 수출증명서와 원산지증명서가 필요하다.

우리나라에서는 환경부가 '국제적멸종위기종' 1,153종을 고시(2005-20호)하였으며 이중 부속서 I에 속하는 종은 575종, 부속서 II에 속하는 종은 321종, 부속서 III에 속하는 종은 257종이다. 식물종은 174종이며, 동물종은 포유류가 330종, 조류가 380종, 파충류 172종, 기타 동물 97종이다. 특히 불법으로 밀렵되

거나 채취되어 고가로 거래되는 특별관심대상종에는 코뿔소류, 호랑이류, 코끼리류, 곰류, 천산갑류, 사이가 영양(*Saiga tatarica*), 아프리카 벗나무(*Prunus africana*), 월리히 주목(*Taxus wallichiana*) 등이 있다. 우리나라도 CITES협약 당사국으로서 이들 종에 대한 불법 유통을 막기 위해 노력하고 있으나 뿌리 깊은 보신문화로 인해 완전히 근절하지는 못하고 있는 실정이며 시민들에 대한 지속적인 교육과 홍보가 필요하다. 🌏

부속서 I 에 속한 종은
멸종위기에 처한 동식물로
사용목적의 국제거래가
금지되어 있다.
1 코뿔소 ⓒ심태섭
2 해우 (출처_위키미디어)
3 재규어 (출처_위키미디어)

생물다양성협약,
유전자원의 접근과 공유

1992년 채택된 생물다양성협약의 중요한 의미는 유전자원을 포함한 생물자원에 대한 각 나라의
주권적 권리를 인정한 데 있다. 생물주권을 지키기 위한 외교전이 치열하게 전개되고 있다.

글 이유경 (극지연구소 책임연구원)

님(*Azadirachta indica*)은 인도, 파키스탄, 스리랑카, 방글라데시, 말레이지아, 동아프리카 등의 열대 및 아열대 지역에 서식하는 멀구슬나무과(Meliaceae)에 속하는 상록수이다. 님(Neem)이라는 이름은 힌두어 또는 뱅골어에서 나왔고 동아프리카 스아힐리어로는 40가지 질병을 고친다는 뜻의 무아루바이니(Muarubaini)로 불리며 우리말로는 인도멀구슬나무라고 한다.

인도에서 님나무는 '신성한 나무', '만병통치약', '자연의 약방', '동네 약국'으로 불린다. 항균과 살충효과가 있어 인도에선 전통적으로 해충약과 비누, 화장품 원료 등 다양한 용도로 사용해 왔기 때문이다. 그러다가 1959년 독일의 병리학자 하인리치가 아프리카의 메뚜기 떼가 모든 식물을 쓸고 간 뒤에 님나무만이 피해를 입지 않은 것을 발견한 뒤 선진국에서 님에 대한 본격적인 연구개발이 시작되었다. 자연스럽게 특허권 확보가 뒤따랐고, 조상 대대로 님나무를 사용해 온 인도인들은 자기 안마당에서 자라던 님나무에서 살충제와 항균제를 만들려면 특허사용료를 내야 하는 상황에 처했다. 이로 인해 인도는 생물주권을 찾기 위해 힘겨운 싸움을 벌여야 했다.

1995년 미국 농무성과 다국적기업인 그레이스사가 유럽특허청으로부터 님에서 항균성 물질 추출에 대한 특허를 받자, 이에 대해 "인도의 생물자원과 전통 지식이 도둑맞았다"며 인도인들이 소송을 제기한 것이다. 유럽의회 녹색당과 인도과학재단 그리고 국제유기농업연맹으로 구성된 소송단은 산스크리트어로 된 고문헌 등을 샅샅이 뒤져 특허 승인된 물질 추출법이 인도에서 2,000년 전부터 사용되어 온 방법이라는 증거자료를 찾아 특허 무효를 주장하였다. 이에 대해 그레이스사는 이 방법이 과학 저널에 출판된 적이 없다는 사실을 근거로 특허권을 주장하였으나 10년간의 지루하고도 치열한 공방 끝에 유럽특허청은 인도의 손을 들어주었다.

님나무 특허 소송은 유럽연합과 전세계 191개 국가가 생물다양성협약에 동의한 이유를 잘 보여준다. 유전자원 이용국(주로 선진국)은 신약과 같이 막대한 이익을 만들어내는 자원을 자유롭게 이용하고 싶고, 유전자원 제공국(주로 동남아, 남미, 중국)은 자국의 생물자원(생물의 활용법을 알려주는 전통지식을 포함하여)으로부터 발생되는 이익을 나눠받고 싶기 때문에 생물다양성협약이 채택된 것이다.

생물다양성협약은 1992년 유엔환경개발회의(UNCED)에서 기후변화협약과 같이 채택되었고 우리나라에서도 1994년에 가입하여 1995년부터 발효되었다. 생물다양성협약의 목적은 생물다양성의 보전, 생물다양성의 지속가능한 이용, 그리고 생물유전자원의 이용으로부터 발생되는 이익의 공평한 공유이다. 협약 초기에는 생물다양성 보전에 초점이 맞추어져 있었으나 점차 생물주권 확보로 논점이 변경되었다. 이에 따라 유전자원의 접근 및 이익 공유(Access to genetic resources and Benefit-Sharing, ABS)가 중요한 이슈로 떠올랐다.

생물다양성협약의 중요한 의미는 유전자원을 포함한 생물자원에 대한 각 나라의 주권적 권리를 인정한 데 있다. 따라서 각 나라는 자국의 생물주권을 지키기 위해 생물다양성을 보전하고자 노력하게 되었기 때문이다. 그러나 이익 공유에 대한 구체적인 규제가 없어 실제로 돌아오는 것이 없자 유전자원 제공국은 생물다양성협약 본 가이드라인에 크게 반발한다. 따라서 지난 2002년부터 이러한 생물주권이 실행되기 위해 필요한 ABS 국제규범이 논의되었고 2010년까지 협상을 종료하고 ABS 국제규범을 채택하고자 애쓰고 있다.

생물다양성협약에서 다루고 있는 중요한 쟁점은 생물유전자원의 적용대상을 어디까지 정할 것인지, 적용시점은 언제로 할 것인지, 의무준수를 어디까지 둘 것인지 (예를 들어 생물유전자원의 원산지 의무화를 위한 국제인증제도 도입), 생물유전자원에 대한 접근의 규제를 어느 정도 할 것인지, 이익공유를 금전적인 것과 비금전적인 것 중에서 어느 방식으로 얼마나 할 것인지 등이다.

생물다양성협약 특히 ABS 국제규범이 채택된다면 유전자원의 접근과 이용이 합법적으로 투명하게 이루어진다는 점에서 긍정적인 면도 있지만, 자원 확보에 대한 부담과 비용이 증가하고 국제협약를 지켜야 한다는 의무사항이 늘어난다는 부정적인 면도 있다.

생물다양성협약이라는 이 길고도 치열한 외교전은 앞으로도 계속될 분위기이다. 유전자원 이용국과 제공국 사이에 어정쩡하게 서 있는 우리나라는 과연 어떤 대응을 하고 있는 것일까? 생물다양성 확보의 근간이 되는 건강한 생태계 유지에 얼마나 관심을 기울이고 있는 것일까? 생태학에 발을 담그고 있는 우리들이 관심을 갖고 목소리를 높여야 할 곳이 생물다양성협약에도 있는 것은 아닌지... 생물다양성협약의 구체적인 실행을 통해서 과연 누이 좋고 매부 좋은 결과를 얻을 수 있을지 이번 10월에 생물다양성협약 제10차 당사국총회가 열리는 나고야를 지켜볼 일이다. ⌁

1.2 인도에서 '신성한 나무'로 불리는 님나무와 꽃. 생물주권을 찾기 위한 힘겨운 싸움을 벌여야 했다. ©Forest & Kim Starr, University of Hawaii 3 시장에 내보내기 위해 님나무 꽃을 다듬고 있는 인도 아마다바드 여인 ©Chris

우리나라 생물다양성 현황

우리나라는 다양한 지형적 요소와 기후 조건 덕에 생물다양성이 매우 높다.
우리나라에 자생하는 것으로 추정되는 10만여 종의 생물 가운데 조사를 통해 알려진
3만여 종의 생물을 수치로 알아보자.

정리 편집위원회
자료 생물자원 통계자료집 (국립생물자원관, 2008)

19,270종 ■ 무척추동물
1,898종 ■ 척삭동물
4,658종 ■ 원생생물
4,130종 ■ 식물
2,078종 ■ 균류/지의류
1,219종 ■ 박테리아

규조류_ 1,573종

녹조류_1,193종

홍조류_445종

편모조류_41종

기타_842종

갈조류_161종

양치식물_284종

윤조류_31종

박테리아_ 1,219종

쌍자엽식물_ 2,247종

나자식물_ 52종

균류_ 1,580종

지의류_ 498종

단자엽식물_ 856종

선태류_ 691종

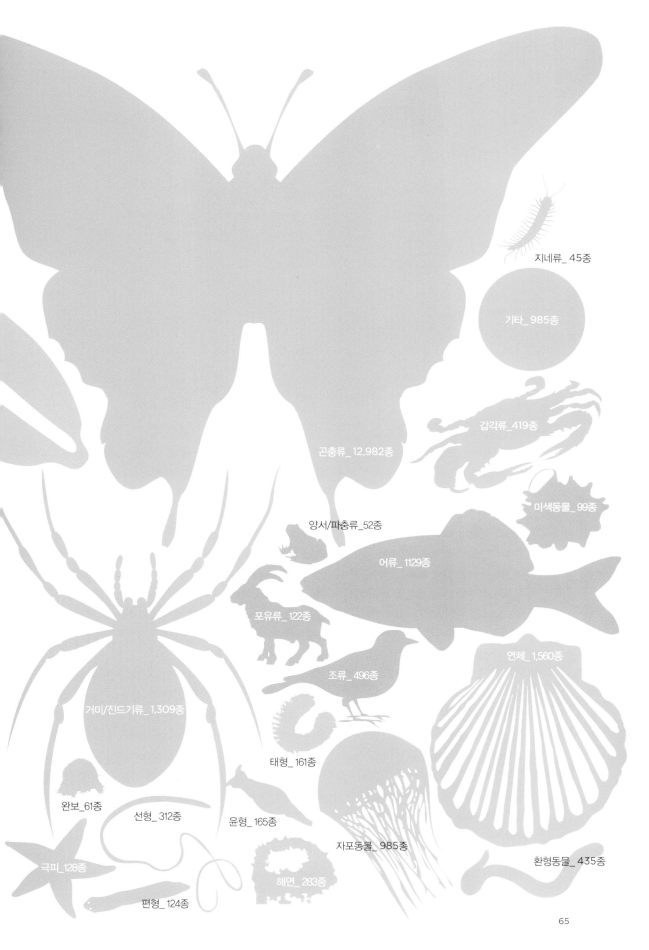

지네류_ 45종

기타_ 985종

갑각류_419종

미색동물_ 99종

곤충류_ 12,982종

양서/파충류_52종

어류_1129종

포유류_ 122종

연체_ 1,560종

조류_ 496종

거미/진드기류_ 1,309종

태형_ 161종

완보_61종

선형_ 312종

윤형_ 165종

극피_128종

자포동물_ 985종

해면_ 283종

환형동물_ 435종

편형_ 124종

65

생물다양성협약과
우리나라의 생물다양성 국가전략

생물다양성을 보전의 중요성뿐만 아니라 생물자원의 이용에 대한 관심이 높아짐에 따라
국제적인 움직임이 가속화되고 있다. 이에 대한 우리나라의 대응 전략과 방향을 살펴보고자 한다.

글 한동욱 (PGA습지생태연구소 소장)

미스킴라일락, 크리스마스트리, 흰개나리 등은 해외에서 각광받는 정원수이다. 이들은 털개회나무, 구상나무, 미선나무라는 우리나라 고유종이 세계시장에서 상품성을 인정받는 좋은사례이다. 그러나 불법으로 반출된 이들 식물종에서 유래된 조경수목들의 판매수익이 우리에게는 한 푼도 돌아오지 않을뿐더러 이 나무들을 국내에 들여와 사용할 때는 로열티를 별도로 지불해야 한다. 이러한 불합리한 사례는 생물자원을 보유한 후진국과 이를 선점하여 개발한 선진국 사이에서 빈번히 발생하였으며, 생물자원의 이용과 분배에 관한 관심이 증폭되던 1992년 6월 브라질 리우에서는 생물다양성과 생물자원 분야에 포괄적이면서 매우 중요한 국제협약이 채택되었다. 바로 생물다양성협약(Convention on Biological Diversity)으로 1993년 12월 29일에 정식으로 발효되었으며 그 이듬해인 1994년 10월 우리나라는 비교적 신속하게 이 협약에 가입하였다. 2010년 5월 현재 193개국으로 유엔회원국 수(192개)보다도 많은 거대한 협약으로 발전하였다. 특히 2010년은 유엔이 정한 생물다양성의 해이자, 일본 아이치현 나고야시에서 생물다양성협약 제10차 당사국총회가 개최되는 해로서 생물다양성의 중요성을 대중에게 인식시킬 수 있는 매우 의미 있는 해라고 할 수 있다.

생물다양성협약 제1조에는 협약의 목적이 '생물다양성을 보전하고, 그 구성요소를 지속가능하게 이용하며, 유전자원의 이용으로부터 발생되는 이익을 공정하고 공평하게 공유하는 것'이라고 밝히고 있어, 단지 자연의 보전만이 아니라 그로부터 파생되는 이익의 분배 정의를 다룬다는 것을 알 수 있다. 특히 국제적인 멸종위기종의 거래에 관한 협약인 CITES나 습지의 생물다양성을 보전하고 현명하게 이용하기 위한 람사르협약, 지구적인 생물다양성의 손실의 속도를 줄여 보고자 하는 기후변화협약 등과 직접적으로 연관되어 있으면서 이들을 포괄하는 협약이라고 할 수 있다. 또한 제2조에는 생물다양성을 '육상·해상 및 그 밖의 수중생태계와 이들 생태계가 부분을 이루는 복합생태계 등에서 나타나는 생물 간의 상이성'이라고 정의하고 있으며 종다양성만 아니라 종 내의 유전자다양성과 서식처 수준의 생태계다양성을 포함함을 밝히고 있어, 서로 다른 수준에서 생물의 다양함을 다루므로 매우 많은 이해당사자가 관계하고 매우 복잡한 이해를 조정해야 함을 짐작할 수 있다.

생물다양성협약 가입국은 생물다양성을 보호하고 지속가능하게 이용하기 위하여 계획을 수립하

고 시행해야 하며, 생물다양성을 보호할 수 있는 보호지역 지정, 생물자원의 이용시 지속가능성 고려, 생물다양성의 중요성을 대중들에게 교육, 생물다양성을 위협하는 사업 등에 대해 환경영향평가 등 적절한 조치를 취해야 하며, 이 협약의 이행 여부를 매번 총회에 보고할 의무를 가진다. 권리로는 자국 영토 내 생물자원의 유전 정보에 대해 고유한 권리인 생물주권을 인정받는다는 것이다.

생물다양성협약의 주요 의제 중에 '2010 생물다양성 목표'는 각 가입국이 2010년까지 자국의 생물다양성 손실을 막기 위한 목표를 설정하고, 그 목표를 제대로 달성했는지에 대해 국가보고서를 제출하는 것이었다. 그러나 전 지구적으로 이 목표의 이행이 부진하다고 판단되어 올해 열릴 제10차 총회에서는 'post 2010' 목표에 대해서 논의할 예정이다. 2009년에 보고된 우리나라의 국가보고서에 따르면 국가생물다양성 전략 및 이행계획(이하 이행계획)은 환경부, 농림수산식품부 등 11개 정부 부처 공동으로 작성되었다. 이행계획은 생물다양성 협약의 목표에 맞추어 생물다양성의 효과적 보전, 생물다양성 위협요인에 대한 효과적 대응, 생물자원의 지속가능한 이용, 생물종의 유전자원 이용권한 확보, 생물다양성을 위한 국제협력 및 홍보 등 5대 분야에 대한 부처별 세부 추진전략으로 구성되어 있다. 환경부는 습지보호지역을 2011년까지 22개소(2008년 12개소)로 확대하고, 람사르습지 등록을 2011년까지 16개소(2008년 현재 11개소)로 확대 추진하는 등 주요 생태지역에 대한 보호를 강화하겠다고 밝히고 있다. 지식경제부는 시험연구용, 산업용, 농림수산용, 보건의료용, 환경정화용 유전자변형생물체에 대해 국제 수준의 안전관리 체계를 구축하는 것을 주요 골자로 하고 있다. 국토해양부는 해양생태계 기본조사를 수행하며, 해양생명자원 기탁등록기관 지원 사업 및 국립해양

2 설악산. 우리나라에는 3만
종 이상의 생물종이 서식하고
있으며 고유종의 비율이 높다.
©황영심

생물자원관 건립 추진 등을 제시하였다. 특허청은 전통의약분야에 한정되어 있는 한국 전통
지식 DB를 전통식품 등으로 연차별 확대하여 국제소유권 확보에 대비한다는 방침을 밝혔다.
농촌진흥청의 경우는 농업유전자원 정보 통합네트워크를 구축한다는 내용이다.

또한 이행계획에 따르면 약 3만 종 이상의 생물종이 우리나라에 서식하고 있으며
한반도 고유종의 비율이 높다고 하였으며 그 이유로 백두대간 생태축, 복잡한 해안선, 다양한
섬, 여름철 범람하는 하천, 지속적으로 이루어지는 대륙과의 접촉, 뚜렷한 4계절의 변화, 태풍
등 다양한 서식처 및 서식환경 등을 꼽고 있다. 특히 이중에서 산림, 농지, 습지, 자연해안선,
해안사구, 하구 등이 서식처로서 중요하다고 제시하였다.

이러한 우리나라의 생물다양성에 대한 주요 위협 요인은 첫째, 우리나라의 기후변
화 진행속도가 세계 평균보다 빨라 생물다양성이 급격히 감소하고, 재해가 증가하며, 생태계
가 교란되어 산림에 심각한 위협요인으로 등장하고 있으며, 둘째, 가파른 경제 성장과 국제간
교역이 확대되고, 산림, 농지 및 연안습지 면적은 감소하고 있으며, 자연적 또는 인위적으로
우리나라에 유입된 외래생물이 급격히 증가하여 생태계가 교란되고 있으며, 셋째, 국가수준
에서 통합적으로 생물다양성을 조사하는 체계와 정보화, 생물다양성 보전 인프라 구축, 대국
민 인식 확산을 위한 교육·홍보체계가 미흡하다는 것이다. 그러므로 우리나라 정부는 이러
한 도전에 대처하기 위해 차후 국가생물다양성 전략에 기초하여 향후 새로이 체계를 강화시킬
것을 천명하였다.

아쉬운 것은 국가보고서가 담아야 할 생물다양성 위협요인 분석에서 정부와 지자
체에 의한 대규모 개발로 인한 자연서식처 감소가 주요 요인이며, 환경영향평가의 부실 등이
지적되어야 함에도 불구하고 이러한 내용이 제대로 포함되지 않았다는 것이며, 정책 결정자
들의 인식증진 교육이 필요함을 강조했어야 한다는 것이다. 🌀

생물다양성 보전과 유네스코

생물다양성의 해 주요 파트너로 지정된 유네스코는 생물다양성 보전과 지속가능한 이용의
중요성에 대한 교육과 인식 증진에 집중할 계획이다. 자연자원의 보전뿐만 아니라
그 안에서 함께 살아가는 사람들의 공존을 위해...

글 김은영 (유네스코 한국위원회 과학팀)

생물다양성 보전과 지속가능한 발전. 서로 양립하기 어려울 것 같은 이 목표를 이루고자 하는 노력이 있다. 유네스코는 환경에 대한 관심이 채 성숙하기도 전인 1970년대에 자연자원의 보전뿐만 아니라 그 안에서 함께 살아가는 사람들의 공존을 위한 활동을 구상하였다. 그 시작은 1968년 프랑스 파리 유네스코 본부에서 열린 '생물권 자원의 합리적인 이용과 보전의 과학적 기초에 관한 정부간 전문가 회의'이다. 이 회의의 권고에 따라 유네스코는 인간과 생물권(MAB, Man and the Biosphere) 사업을 1971년에 시작하였다.

MAB 사업은 동·식물, 대기, 연안의 자연과 인간을 포함한 전체 생물권에 인간이 미치는 영향에 대해 연구하고 전 세계가 함께 더 이상의 생물권 파괴를 막기 위한 사업으로 현재 150개 이상 나라가 참여하고 있다. MAB 사업에서는 도시생태계, 사막화 등 생물다양성 관련 주제에 관한 연구, 훈련, 교류 활동을 하고 있으며, 대표적인 사업으로 '생물권보전지역'이 있다.

생물권보전지역은 지역 특성에 따라 핵심지역, 완충지역, 전이지역으로 용도가 구분된다. 핵심지역은 대표적이거나 전형적인 육상, 해양, 연안 생태계로서 철저한 보전이 필요한 곳이고, 완충지역은 연구와 교육, 훈련, 관광 등이 허용되는 곳이며, 전이지역은 자연자원을 활용한 다양한 활동이 장려되는 곳이다. '발전을 위한 보전, 보전을 위한 발전'으로 외부와 단절된 폐쇄적인 보호지역이 아니라 밖과 소통하는 접근을 취하고 있어 생물권보전지역은 보호지역 이상의 그 무엇이라고 불린다.

생물권보전지역의 기능은 3가지로 보전, 발전, 연구와 모니터링을 들 수 있다. 생태계, 종, 유전자의 생물다양성 보전과 지속가능한 미래를 위한 발전, 그리고 세계 네트워크를 통한 연구와 모니터링이다. 생물권보전지역으로 지정되면 세계 네트워크의 일원이 되어서 공동연구에 참여하고 보전지역 활동에 대한 다양한 교류가 가능하다. 생물권보전지역에 거주하거나 핵심지역의 자연자원을 이용하는 주민들이 보호지역으로 지정되어 규제만 받는 것이 아니라 지속가능한 이용을 도모함으로써 주민이 참여하여 자발적으로 생물다양성 보전에 참여하고 기여할 수 있도록 돕는다. 현재 전 세계 107개국에 553곳이 생물권보전지역으로 지정되어 있으며, 우리나라에는 설악산(1982년), 제주도(2002년), 신안 다도해(2009년)가 지정되어 있고, 북한에도 백두산(1989년), 구월산(2004년), 묘향산(2009년)이 지정되어 있다. 유네스코 한국위원회는 생물다양성 보전을 지역사회의 발전과 연계시키고 동북아 생물권보전지역 네트워크(EABRN, East Asian Biosphere Reserve Network)에 참여하는 등 국제적인 협력을 강화하기 위한 활동을 구상하고 있다. 2009년에는 광릉숲을 생물권보전지역에 지정 신청하였고, DMZ 보전과 이용 관련하여 생물권보전지역 지정이 논의되고 있는 등 생물다양성 보전을 위한 생물권보전지역에 국내의 관심도 높아지고 있다.

또한 인류의 공존 및 발전을 위한 필요조건으로 문화다양성 보전에 노력하고 있는 유네스코는 생물다양성 보전에 문화다양성과 언어다양성을 연계하고 있다. 다양성은 자연 세계의 기본 조건으로 생물다양성은 변화에 적응하고, 기후변화, 자연재해, 해충의 피해, 그리고 다른 잠재적 파괴요소를 견디어 내어 환경을 회복가능하게 하는 것이다. 가장 다양한 생태계가 가장 강한 생태계라 할 수 있으며, 다양성은 안정성과 직접 관련되어 장기 생존에 중요하다. 이러한 생물다양성은 문화 및 언어 다양성과 분리될 수 없다. 특히 자연환경에 가까이 살면서 생계를 의지하는 원주민이나 소수민족들의 경우, 전통적으로 자연을 지혜롭게 이용하면서 주변을 묘사하는 다양한 언어를 지녀왔다. 전통 생태지식이라 불릴 수 있는 이런 토착 전통지식에서 약초의 활용 등을 현대 의료가 배우기도 한다. 유네스코의 LINKS(Local and Indigenous Knowledge Programme) 사업은 생물다양성 관리를 위해 토착지식과 관행을 활용하고 있다.

그러나 언어와 문화가 사멸하고 인간의 지적 성취에 대한 증언이 줄어들면서 서로를 풍요롭게 할 여지가 줄어들고 있어서 생물권보전지역은 생물다양성을 보전하는 문화적 측면을 중시하고 있다. 지역의 전통적인 삶의 방식을 활용하여 생물다양성 보전에 활용하는 대표적인 사례가 자연성지(sacred natural sites)가 될 것이다. 우리나라에는 이에 대한 논의가 그다지 활발하지 않으나 유네스코는 20여 년 전부터 아프리카의 자연 및 생물다양성 보전에 자연성지를 활용해왔다. 생물권보전지역의 핵심지역은 자국의 법으로 보호받는 지역이다. 그러나 법률이 엄격하다고 해서 제대로 보호가 되는 것은 아니다. 특히 개발도상국에서는 지역주민들의 지지를 받지 못하면 핵심지역 안에서 종종 불법적인 벌목과 밀렵이 이루어지곤 했다. 법적 보호의 대안으로 유네스코는 지역주민의 자발성에 주목하였다. 지역주민들이 신성시하는 자연성지를 보호지역으로 지정하고, 완충지역에 지역주민, 특히 여성의 경제활동을 돕기 위한 유실수 심기 등의 활동을 벌여 생물다양성 보전과 지속가능한 이용을 조화시켜 왔다. 한편, 문화적 요소는 시간에 따라 변하기 마련인데 보호지역으로 지정함으로써 그 특성을 잃지 않도록 도와주는 효과도 얻게 되었다.

사회주의 나라였던 몽골은 특별히 보호지역 제도 없이 지내왔으나 라마 불교 지도자를 중심으로 지역의 성산(聖山)에서 숭배의식을 거행하면서 문화와 생물다양성의 조화를 추구해왔다. 이런 지역들이 현재 생물권보전지역으로 지정되었음은 물론이다. 소수민족이 많은 중국에서도 문화적 정체성을 살리면서 생물다양성을 보존하기 위한 노력들이 많아지고 있다.

이런 노력은 생물권보전지역뿐만 아니라 유네스코의 엄격한 보호제도인 세계유산에도 적용되고

있다. 세계유산은 문화유산, 자연유산과 이 두 가지의 성격을 동시에 지니는 복합유산으로 구성되며, 자연유산은 생물다양성, 생태적 가치, 지질학적 중요성, 경관적 가치 중 하나를 충족하는 곳을 지정하여 후세를 위해 엄격히 보존하는 곳이다. 생물권보전지역의 핵심지역 중에 세계유산으로 중복 지정된 곳들이 있으며, 서로 연계하여 지속가능한 관광, 혹은 생태관광을 통해 생물다양성 보전을 촉진하고 있다. 또한 생물권보전지역과 세계유산 모두 한 나라의 국경을 넘어서는 생태계를 하나의 보호지역으로 지정하여 보전에 협력을 촉진하고 있다. 대표적인 곳이 루마니아와 우크라이나의 다뉴브 델타 생물권보전지역, 프랑스와 독일의 팔저발트 생물권보전지역 등이다.

유네스코의 생물다양성 보전 노력에 해양학 분야도 빠질 수 없다. MAB처럼 해양학 분야의 유네스코 정부간 사업인 IOC(Intergovernmental Oceanographic Commission, 정부간해양학위원회)에서 해양 생물다양성 보전 활동을 하고 있다. 생물다양성 관측 및 모니터링을 위한 지구해양관측시스템(GOOS)을 운영하고 있으며, 산호초연구프로그램, 세계산호초모니터링네트워크, 해양생태계변동연구사업 등을 통해 기후변화와 생물다양성에 대한 연구를 수행하고 있다. 또 다른 유네스코 과학프로그램인 IHP(International Hydrological Programme, 국제수문학프로그램)에서는 생태수문학 분야에서 생물다양성 연구를 하고 있다.

2010년 유엔 지정 세계생물다양성의 해 주요 파트너로 지정된 유네스코는 유네스코가 주관기관인 유엔 지속가능발전10개년(UNDESD)의 맥락에서 생물다양성 보전과 지속가능한 이용의 중요성에 대한 교육과 인식 증진에 집중할 계획이다. 그리고 생물다양성의 해 활동으로 지난 1월 프랑스 파리 유네스코 본부에서 개막식을 열었으며, 순회 사진전을 비롯해 여성과 생물다양성, 생물다양성과 문화다양성 등 유네스코의 관련 주제에 대한 국제회의를 열었거나 열 예정이며, 10월에 열리는 생물다양성협약 당사국 회의에서는 생물다양성 학습자료를 배포할 계획이다.

환경 분야의 전문기구도 많아지고 다양한 단체가 각자의 영역에서 활동하는 21세기에 교육, 과학, 문화, 커뮤니케이션 분야에서 국제협력을 촉진하는 유네스코는 생물다양성과 연계된 교육, 문화적 측면을 성찰하고 실천함으로써 그 역할을 계속해 나갈 것이다. 🔵

1 신안 다도해
생물권보전지역의 염전. 신안 다도해는 섬으로 이루어진 곳으로 접근성이 높지 않아서 개발의 영향을 덜 받았고 맨손어업과 천일염 생산 등 전통적인 활동이 남아 있어 문화와 생물다양성의 다양한 모습을 살펴볼 수 있다.
©전라남도

2 몽골 테렐지 국립공원의 징기스산에서 거행되는 숭배의식. 몽골에서는 자연성지가 생물다양성 보전에 큰 기여를 해왔다.

습지, 인간 그리고 생물

생물다양성의 측면에서 매우 중요한 생태계로 주목 받고 있는 습지가 점차 줄어들고 있다.
습지에 기대어, 또한 습지를 훼손하며 살아온 우리는 이제 습지의 보전과
복원이라는 과제를 풀어야 한다.

글 조강현 (인하대학교 생명과학과 교수)

습지와 인간   늪, 수렁, 뻘 등과 같이 습지와 관련된 우리말은 고통의 늪, 침체의 수렁 등과 같이 빠져나오기 힘든 상태나 상황을 비유하는 부정적인 말로 많이 이용하고 있다. 이런 곳은 땅바닥이 우묵하게 뭉떵 빠지고 축축하게 물이 괴어 있어서, 우리 조상들은 습지를 땅이 볼록하여 물이 잘 빠지고 말라 있는 살기 좋은 명당자리가 아니라고 여겼다. 심지어 물에 잠겨 있는 논에서조차도 지하수위가 높거나 샘물이 솟아 물빠짐이 나쁜 진논 또는 무논은 땅 가치를 낮게 매겼다.

습지의 어두운 인상에도 불구하고 우리는 역사적으로 습지에 기대어 살아왔다. 현재 도시에 살고 있는 우리는 과거에 습지이었던 곳에 많이 살고 있다. 예를 들면, 고층 빌딩이 즐비한 서울 강남은 과거 홍수 때 한강물이 넘쳐 흘러 들어가는 진창의 하천 홍수터를 매립 혹은 배수하여 조성한 곳이다. 인공적이기는 하지만 일종의 습지인 논에서 매일 먹는 쌀을 생산하고 있다. 또한 산업사회를 움직이는 주요 에너지원인 석유나 석탄도 석탄기에 습한 환경에서 생성되어 매몰된 것이다.

점차 자연환경이 심각하게 훼손되고 쾌적한 삶에 대한 요구가 높아지면서 습지를 더 이상 부정적인 생태계로 생각하기보다는 오히려 지키거나 되살려야 할 가치가 높은 곳으로 여기게 되었다. 실제로 습지는 지구상에서 가장 중요한 생태계 중에 하나이다. 이곳은 상류로부터 물과 하수를 비롯한 여러 물질을 받아들이고, 안정적으로 물을 공급하고 홍수와 가뭄을 완화하는 역할을 한다. 또한 오염된 물을 맑게 하고 수변부의 깎임을 막아주고 지하수를 채워주는 기능을 한다. 더구나 습지가 탄소를 저장하여 기후변화를 안정시키는 역할을 하는 것 때문에 그 중요성이 더욱 높아지고 있다.

습지와 생물   미취(W.J. Mitsch)와 고셀링크(J.G. Gosselink)는 『습지(Wetlands)』라는 책에서 습지를 생물의 슈퍼마켓이라고 비유하였다. 이렇듯 습지의 가장 큰 생태적 가치는 이곳의 높은 생물다양성일 것이다. 습지는 다양한 식물과 동물에게 독특한 생육 환경을 공급하고, 습지 식물은 일차생산성이 매우 높아서 상위 먹이사슬에 에너지를 충분히 공급할 수 있다. 습지에서는 물과 영양소가 풍부하여 식물이 살아가기에 적합한 것처럼 보인다. 그러나 습지는 생리적으로는 매우 가혹한 환경이라고 할 수 있다. 즉 무산소 조건, 잦은 수위변동 그리고 때로는 소금기가 생물에게 스트레스를 주기 때문에 습지 생물은 이 스트레스에 적용하였다.

습지는 육상이나 수중 생물과는 다른 환경에서 진화한 독특한 생물이 생육하므로 생물다양성 측면에서 매우 중요한 생태계이다.

그러나 인간의 토지이용에 의하여 습지 면적이 축소되고 인간 활동에 의하여 습지에 여러 교란이 가해지면서 다양한 습지 생물이 사라질 위험에 처해 있다. 실제로 우리나라에서는 습지에 사는 수달(*Lutra lutra*), 넓적부리도요(*Eurynorhynchus pygmeus*), 금개구리(*Rana plancyi choseni*), 꼬마잠자리(*Nannophya pygmaea*), 귀이빨대칭이(*Cristaria plicata*), 가시연꽃(*Euryale ferox*) 등의 많은 생물이 환경부의 멸종위기야생동식물로 지정되어 있다.

하천 범람원 습지에서 생육하는 단양쑥부쟁이(*Aster altaicus* var. *uchiyamae*)는 사람이 하천을 뜯어 고쳐서 멸종위기에 처한 대표적인 식물이다. 큰물이 빈번한 자갈이 많은 남한강 강변에 생육하는 단양쑥부쟁이는 홍수 교란에는 잘 견디지만 다른 식물과의 경쟁에는 매우 약한 특성을 가지고 있다. 충주댐 건설로 댐 상류에서는 강변 자갈밭이 침수되어 이 식물의 생육지 자체가 소실되었고, 댐 하류에서는 댐에 의한 홍수량 조절로 홍수 교란이 감소되자 자갈밭에 다른 식물이 침입하여 경쟁에 약한 단양쑥부쟁이의 생존이 어렵게 되었다.

또 하나의 멸종위기식물인 매화마름(*Ranunculus kadzusensis*)은 일부 논에서 간신히 생명을 유지하고 있다. 매화마름은 인공 습지인 논에서 전통적인 경작법에 적응하여 진화하였다. 즉 이 식물은 벼수확이 끝난 가을부터 모내기 전까지 물을 댄 논에서 수명을 다한다. 그러나 현대 농법이 도입되면서 추수 후 겨울에 논에서 물을 빼어 매화마름이 생육할 수 있는 침수환경이 없어지고, 비닐온상에서 모내기용 묘를 공급하여 모내기를 앞당기게 되면서 매화마름의 생육가능한 기간이 줄어들어 이들의 생존이 어렵게 되었다. 더구나 논을 방치하여 자연습지가 되면 애기부들 등의 다른 식물이 침입하여 경쟁력이 약한 매화마름이 사라지게 된다. 그러므로 남한강 범람원 습지에서 단양쑥부쟁이와 논 습지에서 매화마름은 인간에 의한 직접적인 영향과 다른 식물에 의한 간접적인 영향에 의하여 멸종위기에 처해 있다고 볼 수 있다.

동물 중에서 특히 물새가 습지에서 큰 위협을 받고 있다. 이들 물새 중 철새는 국경을 넘어 이동하므로 이동 경로 중의 일부 습지가 교란되면 전 지구적인 수준에서 멸종에 처하게 된다. 우리나라 서해안 갯벌을 중간 기착지로 하는 큰뒷부리도요(*Limnodromus semipalmatus*)는 호주와 뉴질랜드에서 날아와 극동시베리아 와 알래스카까지 1년간 약 3만 km를 이동한다. 서해안 갯벌에서 먹이를 충분히 섭취하지 못하여 이동에 필 요한 에너지를 축적하지 못하면 이들의 이동이 어렵게 된다. 이것이 서해안의 간척 사업으로 인한 습지 훼손 이 국제적으로 관심을 끄는 이유 중의 하나이다.

우리나라의 습지   우리나라의 습지는 매우 제한적으로 잔존하고 있다. 특히 내륙 습지는 과도한 토지이용 에 의하여 남아 있는 곳이 매우 적다. 그러나 서해안의 간석지 연안습지인 갯벌은 세계적으로 손꼽히는 습 지로 남아 있다. 우리나라의 지형과 기후 특성상 산지에 위치한 고층습원은 많지 않으나 하천변에 발달한 저층습원은 흔하다. 이중 낙동강의 배후습지인 우포는 장대한 규모를 자랑한다. 또한 경작지인 논을 인공 적인 습지로 간주한다면 우리나라에서 가장 넓은 면적의 습지는 논이다. 실제로 논 생태계는 친자연적인 영 농법에 의하여 다양한 생물이 사는 생육지로서 유지할 수 있다. 역사적으로 우리나라에서는 주거지, 경작 지 등의 조성을 위하여 자연 습지를 훼손하여 왔지만, 그나마 논이라는 넓은 면적의 인공적인 습지를 유지 하고 있다고 할 수 있다.

우리나라의 주요습지			
습지 유형		주요 습지	주요 분포지
연안 습지	간석지	줄포, 함평, 순천, 보성벌교	서해안, 남해안
	석호	송지호, 화진포, 경포호	동해안
	하구	한강, 섬진강	전국 강 및 하천 하구역
내륙 습지	범람원	달성늪지, 여주	전국 하천 주변
	저층습원	우포, 태평늪, 질날늪	낙동강 배후 습지
	고층습원	용늪, 오대산 습지, 무제치늪, 물영아리, 물장오리, 장도습지	전국
인공 습지	논	강화도, 철원평야, 김포평야	전국
	저수지	팔당호, 주남지, 대성동	서해안
	간척호	천수만, 아산만, 남양만	천수만, 아산만, 남양만

습지의 미래　　현재 우리나라에서 습지에 대한 조사와 연구가 매우 부족한 실정이다. 습지에 대한 관리와 연구를 위하여 먼저 습지의 종류와 분포를 파악하는 체계적인 습지 목록작성(inventory)이 전국적으로 수행되어야 한다. 이 목록 작성을 하기 위해서는 습지의 유형 분류가 앞서야 한다. 이러한 분류체계는 우리의 습지 특성을 반영하되 국제적 체계를 따르도록 하여야 한다. 또한 습지를 관리하기 위해서는 대상지가 습지인지 아닌지의 여부와 습지 경계를 객관적으로 긋는 경계설정(delineation) 체계를 확립하여야 한다. 우리나라에서는 이미 습지가 대규모로 훼손되었기 때문에 습지를 복원하거나 새로이 조성하는 기술이 하루빨리 개발되어 적용되어야 한다.

　　습지의 3가지 구성요소는 생물, 수문, 토양이므로 이들을 대상으로 하는 학문 분야의 학제 간 연구가 습지연구에서 필수적이다. 그러나 지금까지의 습지에 대한 연구가 각 분야에 한정되어 진행된 경우가 많아서 습지에서의 생태적 기작을 규명하기가 어려웠다. 이러한 학제 간 연구 및 조사를 위하여 이들 분야 연구자 사이에 만남의 장이 많아지고 다양한 교육의 기회를 후학에게 제공하여야 한다. 그러므로 생물다양성이 높은 습지를 보전하기 위하여 먼저 우리나라의 습지의 현황을 주기적으로 조사하고 학제 간 연구로 습지 생태계의 구조와 기능을 규명하며 습지 복원 기술을 개발하는 것이 중요하다. ❹

3 장대한 규모를 자랑하는 대표적 배후습지인 우포늪 ©황영심
4 습지에서 먹이를 찾고 있는 저어새 ©한동욱

습지생태계로서의 논

이제 논은 생태학자들뿐만 아니라 여러 시민사회단체에게도 관심의 대상이 되었다.
논 생태계를 건전하게 유지하기 위한 노력이 절실하다.

글 · 사진 강기경 (농촌진흥청 국립농업과학원 농업생태연구실장)

2008년 창원에서 개최된 람사르총회를 계기로 '논'에 대한 관심이 부쩍 많아졌다. 이는 일명 '논습지결의안'이 한일 공동으로 본회의에 제출된 후, 우여곡절 끝에 총회 마지막 날 채택되었기 때문이다. 이 날은 한일 NGO단체를 중심으로 한 노력이 결실을 맺는 순간이었다.

과거 '논'은 농학자만의 관심의 대상이었다. 그러나, 지금은 일반 생태학자들뿐만 아니라 여러 시민사회단체에게도 관심의 대상이 되고 있다. 논 자체는 우리의 주식(主食)인 쌀을 생산하는 곳일 뿐만 아니라 우리의 전통문화가 여기에 뿌리를 두고 있기 때문일 것이다. 또한 최근 환경단체에서도 논에 관심을 보이고 있는 것은 논이 하나의 습지로서 많은 생명체를 보유하고 있으며, 논을 잘 보전하지 않으면 이 땅에 존재하는 많은 생명체가 사라지거나 혹은 이 땅을 이용하는 철새들이 더 이상 오지 않을 수도 있다는 우려때문일 것이다. 논에는 해마다 많은 철새가 날아오고 있다. 이는 논에는 그들이 원하는 것, 즉 먹이와 물이 있으며, 혹은 방해받지 않고 놀 수 있는 터전으로, 피난처로, 혹은 논에 물이 적당히 있다면 잠자는 장소로 이용할 수 있기 때문일 것이다.

봄에 농사철이 시작되면 논에는 서서히 물이 들어오게 된다. 물이 들어오면서부터 많은 생물들이 알에서 깨어나와 생명의 나래를 펼치게 된다. 오랜 기간에 걸쳐 내가 속해 있는 연구실에서 전국적으로 조사한 결과에 의하면, 논과 이에 연결된 생태계에는 315종의 수서무척추동물이 서식하고 있음이 밝혀졌고, 어류, 파충류, 양서류와 같은 척추동물의 수도 39종이 발견되었다. 앞으로도 생물조사가 계속된다면 보다 많은 종들이 발견될 것으로 믿고 있다. 이러한 생물종들은 하나로 연결된 생태계에서 논에 고유한 먹이사슬을 형성하고 있는데, 결국 먹이사슬의 최상위에 있는 새의 생존에 중요한 역할을 하게 된다.

한편, 최근에는 따오기, 황새 등을 복원하고자 하는 시도가 환경단체와 자연생태학자를 중심으로 이루어지고 있다. 과거 부족한 식량문제를 해결하기 위한 방안이었던 경지 및 수로를 정비하는 기반조성사업과 증산을 위한 과다한 농약이나 화학비료에 의존한 농업에 더해서 도시나 공단, 도로 건설과 같은 산업개발에 의해서 많은 새들이 이 땅에서 사라졌다. 이렇게 사라진 이 새들을 복원하는 데는 논 생태계의 복원이 핵심일 것이다. 왜냐하면, 논 생태계에는 물이 있어 많은 수서생물이 서식할 수 있는 환경이 조성되어 하나의 먹이사슬을 형성할 수 있는데, 그 먹이사슬구조 속에서 새가 서식할 수 있는 기본조건이 충족될 수 있기 때문이다.

그러나 논 생태계를 새가 서식할 수 있는 수준으로 복원하기 위해서는 해야 할 일이 많다. 우선 서식 생물에 부정적인 영향을 주는 요인으로 과다한 농약 사용, 과다한 경운 등을 지양해야 하며, 논과 연계된

생태계 즉 수로와 배수로, 논둑을 친환경적으로 관리할 필요가 있다. 또한 물웅덩이와 같은 비오톱을 조성하고, 물의 흐름을 자연스레 연결하는 등 다양한 생물이 살고 이동할 수 있는 환경이 조성되어야 할 것이다.

이러한 서식환경을 조성하는 것은 결코 쉽지 않다. 매년 친환경 유기재배 논이 늘어나고 있기는 하지만 아직은 제한적으로 이루어지고 있으며, 오히려 해마다 많은 논이 사라지고 있기 때문이다. 수로나 배수로를 생태적으로 바꾸는 데는 많은 비용이 소요될 것으로 예상되며, 단절된 논 생태계를 연결하는 것 역시 적지 않은 비용이 소요될 수 있다. 일부 지방에서는 물웅덩이와 같은 비오톱을 다시 조성하는 사업이 시작되고 있지만, 아직은 초보적인 수준이며, 지리적 여건에 맞는 적당한 방법도 개발되어 있지 않은 것이 현실이다. 그러나 무엇보다도 논을 하나의 습지생태계로서 복원하는 데는 농민의 역할이 중요하다. 즉 논을 어떻게 친환경적으로 관리하느냐는 농민의 손에 달려 있기 때문이다.

농민이 친환경적인 방식으로 논을 관리하는 것은 그들의 인식수준에 달려 있는데, 일부 농민단체 및 환경운동그룹들은 그 중요성을 깨닫게 하는데 노력을 하고 있지만, 농민 대부분은 이에 대한 인식이 아직도 부족하다. 논 생태계의 복원을 통해서 많은 생물종이 살아 숨쉬고 있는 모습이 일반 소비자의 눈에 비춰질 때, 소비자들은 비싼 가격에도 불구하고 여기서 생산한 쌀에 대해 보다 많이 지불할 의사가 있음을 보여준다. 이러한 사실을 경험한 후 논 생태계를 복원하는 일은 벼농사를 짓는 농민에게도 이익이 된다는 것을 알아가고 있으나 이러한 생각은 여전히 소수의 의식 있는 생산자에게 한정되어 있어 인식증진 활동이 필요하다.

결론적으로 인간과 새, 많은 생물종들이 함께 살아가는 터전으로서 논을 보전하고 잘 관리하는 것은 선구자적인 인식을 가진 자들의 의무이자 후세들을 위하는 길일 것이다. 논을 건강한 생태계로서 보전하기 위한 방안을 찾기 위해서는 농업부문에 종사하는 연구자들뿐만 아니라 보다 많은 일반 생태학자들의 참여가 필요하며, 일반인이나 농민의 인식을 높이는 데에도 시민사회를 포함한 정부의 노력이 필요하다고 생각한다. 람사르총회에서 논이 습지로서 인정받은 만큼 논 생태계를 건전하게 유지함으로써 국제사회에서 우리나라의 위상을 높일 수 있도록 우리 모두 함께 노력해야 할 것이다. ❹

1 논은 인간뿐만 아니라 많은 생물종이 함께 살아가는 터전이다.
2 겨울철 담수 논에서 자고 있는 흑두루미 ⓒ 김정원
3 봄철 논에서 먹이를 구하는 학도요 ⓒ 김정원
4 논과 연계된 생태계 즉 수로와 배수로, 논둑을 친환경적으로 관리할 필요가 있다.

제1회 여천생태학상 수상자
김재근 교수

2008년도에 한국생태학회, 한국하천호수학회, 한국환경생물학회에서 공동으로 추천을 받아
수상자를 결정하는 여천생태학상을 제1회로 수상한 김재근 교수를 2010년 2월 17일 서울대학교
사범대학에 있는 그의 연구실에서 만났다. **진행 · 정리** 박상규 편집장

고생태학

문: 먼저 제1회 여천생태학상을 수상하신 것 다시 한번 축하드립니다. 수상하신 논문이 『Journal of Paleolimnology』 2005년도 논문인데, palelo-limnology라는 고육수학도 있고 paleo-ecology 즉 고생태학도 있고, paleo-biology 고생물학도 있는데 이런 paleo 자가 붙는 학문에 대해서 설명해 주시기 바랍니다.

답: 고(paleo)자를 붙이는 것은 옛날의 기록을 찾는 것입니다. 세 가지 학문 다 밑의 퇴적토에 들어 있는 기록을 끄집어내는 것인데, 고육수학은 물속에 들어있는 물에서 사는 생물들을 주로 대상으로 하는 것이고, 고생태학은 물속에 있는 것뿐만 아니라 육상에서 날아간 꽃가루 또는 퇴적될 때 들어오는 토양 그 다음 떠내려 온 물질들까지 같이 고려하는

것이고, 고생물학은 그 속에 들어있는 화석과 같이 큰 것들을 중심으로 하는 것입니다. 제가 한 것은 고생태학적 방법인데, 주로 꽃가루와 그 속에 들어있는 물리적인 그리고 화학적인 특성의 변화를 통해서 인간이 어떻게 생태계에 영향을 미쳤는가를 보았습니다.

문: 선생님의 연구를 포함해서 전반적으로 고생태학적 방법을 통해서 환경 변화의 어떤 것을 알 수 있나요?

답: 일반적으로 기후변화라든지, 생태계 중에서 산림의 변화, 또는 물에서 산소 동위원소를 이용하여 홍수가 났는지 가뭄이 났는지를 주로 알 수 있습니다. 저는 그런 긴 시간이 아니라 짧은 시간 동안의 변화를 연구하는데 인간에 의해서 어떻게 생태계에서 변화가 일어났는지를 주로 봅니다. 예를 들면, 석유를 많이 쓰는 경우 또는 자동차가 많은 경우, 납이 얼

1, 2 서울대학교 식물 및 습지 생태학 연구실 © 정가람

마만큼 쌓여 있는지를 통해서 예전에 기록으로 알수 없었던 자동차의 대수라든지 석유의 소비량 같은 것을 알 수 있어요.

고생태학의 연구방법

문: 결국 호수 바다이라든지 습지의 바닥을 파야 되는데 어떻게 하는 것인지요?

답: 시추장비가 필요한데 얼마나 오랜 기간을 연구하는지에 따라서 시추장비가 달라집니다. 아주 오랜 기간을 보려면 리빙스턴 샘플러라고 우물 관정처럼 파는 경우가 있고, 제 경우는 길어야 2,000년이라 쌓인 깊이는 1 m 정도면 충분합니다. 이 정도면 그냥 파이프를 이용해서 그대로 떠내는 것이지요. 파이프는 직접 만들어서 박는 것도 손으로 누르면 대부분 들어가는데 하여튼 눌러질 때까지 계속 누릅니다. 망치 같은 것은 잘 안 쓰는 데 파이프가 플라스틱이기 때문에 잘못하면 깨집니다. 보통 습지에서 하기 때문에 대부분은 잘 들어갑니다.

고생태학의 장소

문: 논문에서 2,000년까지 연구하신 것은 보았는데 더 긴 기간을 할 수 있는 곳이 우리나라에 있을까요?

답: 우포늪에서 지금 우리가 연구한 것이 2,000년이지만 지질자원연구원에서는 우포늪에서 15만 년 동안의 변화를 시추를 통해서 연구했습니다. 하지만 우리나라의 저수지는 대부분 준설이 되어 있기 때문에 굉장히 어렵습니다. 그래서 습지에서 주로 하고 있는데 소황병산 습지 같은 곳은 채집을 해놓았습니다만 아직 분석이 남아 있습니다. 우리나라에는 보존된 곳이 거의 없기 때문에 새롭게 발견되는 장소 외에는 연구할 수 있는 곳이 거의 없습니다.

고생태학과 인간의 영향

문: 수상하신 논문은 물 밑의 저토를 분석하여 지난 200여 년 간 우리 땅에서 산업화가 어떻게 진행되었는지를 연구하셨고, 또 최근 논문은 우포늪에서 2,000년 동안의 변화를 분석하셨는데요. 이러한 우리 자연의 역사는 이 땅에 살았던 사람들의 문명과 상호작용해 왔을 텐데 사람들의 영향을 어떻게 확인할 수 있는지요?

답: 나트륨, 칼륨, 마그네슘, 칼슘 등을 분석합니다. 예를 들어 나트륨 같은 경우 사람들이 소금을 많이 사용하는데 도로에 뿌리는 염화칼슘 대신에 예전에는 소금을 뿌렸기 때문에 그런 것들이 예전에 얼마나 사용되었는지 알 수 있습니다. 또 하나는 물이 들어오는 수원의 변화를 알 수 있습니다. 예를 들어 마그네슘과 칼슘이 증가한 것은 지하수가 많이 들어왔다는 증거입니다. 그 다음에 퇴적토의 입자 크기를 보면, 홍수의 세기를 알 수 있습니다. 또 우포에서 재미난 것 중 하나가, 바닷물에서 나오는 양이온들이 AD 0년쯤에 굉장히 많이 나온 것입니다. 그것이 의미하는 것은 그 때까지만 하더라도 바닷물이 들어왔다 나갔다는 것입니다. 그래서 마지막으로 바닷물이 유입된 것이 AD 0년쯤 된다는 것을 추정할 수 있습니다.

문: 외국의 연구를 보면 그 지역의 어떤 역사라든지 기록 같은 것을 고육수학적 자료와 맞추어 보는데 그런 것은 어떤가요?

답: 그런 비교를 꼭 해야 됩니다. AD 0년 정도면 기록은 거의 없고 예전의 지도를 보면 거기가 바다와 연결되었다는 것이 나옵니다. 또 역사적으로 우포가 원래 있던 형태를 막아서 일부 농사를 짓기 시작했어요. 일제 강점기 이전의 고지도와 비교해 보면

일제 강점기 때 간척을 해서 농사를 지었던 것을 알 수 있고, 1960년대에 일부 수로를 만들기 위해서 공사했던 기록이 있습니다. 전에는 우포가 물이 계속 흘러나가는 곳이었는데 일본 사람들이 제방을 막으면서 우포의 형태가 물을 가두는 저수지 형태로 바뀌었고, 옆에 수로가 생기면서 더욱 더 물이 고인 상태가 된 것을 알 수 있습니다.

고산습지에 대한 연구

문: 선생님께서는 고육수학적 연구 외에도 소황병산늪 등 고산습지에 대한 연구를 많이 해 오셨는데요. 우리나라에서 고산습지 생태계는 어떠한 의미를 가지는지요?

답: 우리나라는 지형이 가파르기 때문에 습지가 대부분 저지대에 발달해 있어요. 하천 주변이나 저지대에 발달한 습지가 대부분이고 산지 습지는 거의 없습니다. 남아 있는 것 중 산지 습지는 규모가 아주 작습니다. 그렇지만 이러한 산지 습지에는 다른 곳에서 볼 수 없는 생물들이 존재하고 오랜 역사를 간직한 토탄층이 발달해 있습니다. 이것들이 고역사를 추정하는 데 중요한 역할을 하지요. 주로 고산지대에 있는 습지의 특징이 무엇이냐 해서 수문학적인 특징부터 생태학적인 특징까지 같이 조사하고 있습니다.

습지의 천이 연구

문: 이러한 고생태학적인 방법과 고산습지 외에 중점적으로 연구하고 계신 분야를 말씀해 주십시오.

답: 실은 고생태학이나 고산습지보다도 생태적인 복원에 필요한 자료를 축적하는 것이 주 연구 관심사라 할 수 있습니다. 그래서 습지 복원을 위해 어떠한 식물들을 도입을 할 것이냐. 지금까지는 무조건 그림을 그려놓고 그것에 맞추어 심었는데 1년이나 2년만 지나면 완전히 다른 모습으로 바뀝니다. 그것은 천이를 예측하지 못하고 무조건 심었기 때문인데, 천이가 일어나는 방향을 예측하기 위해서는 각 식물이 가지고 있는 생활사적인 특징, 발아, 정착, 성장, 종자의 생산, 번식 등 전반적인 연구가 이루어질 때 가능한데 그런 자료가 없습니다. 지금까지 우리나라의 습지 우점종들에 대한 서식처 특성은 상당히 많이 밝혀져 있고 현재 연구는 발아 특성과 발아 후의 초기 생존율을 중심으로 하고 있습니다. 앞으로 할 것도 역시 그러한 습지에서의 천이과정을 중점적으로 볼 예정입니다. 장기간에 걸쳐 우리나라 천이의 독자적인 모델을 만드는 게 큰 목표입니다. 육상천이와 습지 천이가 다르거든요. 이런 모델을 만들려면 생활사 특성과 함께 수문학적인 연구 등 다른 요소들도 연구를 해야 합니다.

학생들의 연구 주제

문: 선생님 연구실 이름이 식물 및 습지생태학 연구실입니다. 학생들이 연구하고 있는 중요한 주제에 대해서 간단히 소개해 주십시오.

답: 박사과정에는 두 명이 있는 데 한 명은 토양 종자은행을 이용한 생태교육이고 또 한 명은 먹이사슬을 이용한 생태교육입니다. 먹이사슬을 따라 중금속

3 식물섬 4 겨울철 우포 5 퇴적물 채집 ©김재근

이 어떻게 농축되는가 하는 측면을 보고 있습니다. 우리의 장점은, 다른 생태학자가 아닌 사람들이 생태교육을 하는 경우에는 그 내용을 잘 모르지만 우리 학생들은 석사과정에서 그 내용을 토양종자은행과 먹이사슬을 연구했고 박사과정에서 그것을 생태교육에 접목시키기 때문에 정확한 이해를 바탕으로 한다는 것이지요. 그리고 다른 박사과정 한 명은 이산화탄소 저감하는 식물을 찾고 키우는 과정을 하고 있습니다. 넓게 공간을 이용할 수 있는 방법으로 부영양화된 호수의 표면에 식물섬과 같이 띄워서 하는 방법을 고안하고 있거든요. 동해에 가면 자연적인 식물섬 모델이 있기 때문에 그러한 형태를 찾아서 한번 시도를 해보려고 합니다. 그 다음에는 습지의 천이에 대해서 하고 있습니다. 그리고 육상생태계의 영양소 순환을 하고 있는데, 덕유산과 계룡산에서 낙엽의 생산과 분해를 계속 연구하고 있습니다. 인산은 육상에서 대부분 제한요인이 되는데 분해가 되면서 인산이 얼마나 나오는지 동태를 보는 것입니다. 보통 흙에서만 보는데 방법을 바꿔서 인산을 흡착할 수 있는 여과지를 흙속에 묻어 놓았다가 꺼내서 측정하는 것이라 일반적으로 흙을 가지고 하는 방법과는 조금 다르지요. 또 다른 학생은 새가 습지 생태계에 미치는 영향을 보고 있는데 새의 분변을 놓고 벼를 심으면서 실험도 하고 있습니다.

우리나라의 생태교육

문: 공교육에서의 생태교육에 대해서 하고 싶으신 말씀이 있으시다면요?

답: 제일 어려운 것 중의 하나가 공교육에서 생태분야가 제일 마지막이라는 것입니다. 항상 마지막에 있어서 수능에 잘 안 나오고, 학생들이 관심도 없어요. 교사들은 쉽게 다루고 있고. 상식만 갖고 얘기를 합니다. 생태를 정확하게 이해하지 못하고 가르치는데 그게 생태학자들의 큰 문제점이었던 것 같아요. 너무 일반론만 제시했다는 것입니다. 일반론보다는 구체성을 가지고 교육적으로 각색해서 넣어주는 게 옳다고 봅니다.

문: 구체성을 넣어주면 좋지만 그만큼 공간을 확보해야 할 텐데, 고등학교에는 환경교과서가 있지 않나요? 거기에서는 생태가 얼마나 다루어지고 있나요?

답: 환경이라 함은 종합학문이기 때문에 생태가 큰 의미는 없습니다. 환경교육 협동과정이 있는데 필수로 들어가는 생태 과목이 하나도 없습니다. 생태학자가 생각하는 환경과 환경교육자가 생각하는 환경이 다릅니다. 환경문제를 다룰 때 보면 그냥 현상만 다룹니다. 현상을 놓고 '이것은 오염되어서 그런 것이다. 그러면 오염을 줄이는 방법은 무엇이냐?'라는 내용에 집중되고 있습니다. 생태계를 잘 이해를 하지 못하고 그냥 환경교육을 하고 있는 것입니다.

『생태』잡지에 바란다

문: 『생태』가 갈 길이 먼 것 같습니다. 마지막으로 『생태』잡지에 바라시는 말씀은?

답: 제대로 된 생태를 생태학자들이 알린다고 하는 기치가 제일 중요한 것 같습니다. 그래서 생태계를 제대로 이해하는 사람들이 일반인들을 상대로 어떻게 이해를 시키느냐… 결국은 그게 우리의 자연을 보존하는 것이고 삶을 윤택하게 하는 것이라고 생각하거든요. 미국의 경우에는 훨씬 이전부터 미국생태학회에서 생태교육파트가 따로 있어서 일반인들에게 결과도 알려주고, 중요성이 무엇인지, 앞으로 할 일이 무엇인지 outreach 활동을 많이 해왔지요. 한국생태학회와 이 잡지가 그런 역할을 할 수 있기를 기대합니다. ㊅

기후변화와 극지 생태계: 극지연구소를 가다

글 · 사진 이유경 (극지연구소 책임연구원)

인구 30만 명이 사는 야쿠츠크와 인구 3만 5천 명이 사는 페어뱅크스에서 최근 일어난 일들이다.

- 도로와 철도가 일부 붕괴되었다.
- 건물이 일부 기울어지거나 무너져 내렸다.
- 송유관이 휘어져서 원유가 방출될 위험이 발생했다.

도대체 야쿠츠크와 페어뱅크스에는 무슨 일이 있었던 것일까? 지진이라도 났던 것인가? 아니면 태풍과 같이 강력한 열대성 저기압이 지나간 것일까?

사실 도로와 건물의 붕괴와 송유관 파손은 조용히, 사람들 눈에 띄지 않게 일어났다. 이 지역을 떠받치고 있던 영구동토층이 부분적으로 녹으면서 땅이 가라앉고 그 위에 있던 건축물이 파손이 된 것이다. 영구동토층이란 어떤 곳인가? 그리고 영구동토층에서 지반붕괴 현상은 왜 발생하는 것일까?

영구동토층이란?

영구동토층은 토양의 수분 함량이나 적설량 또는 지역으로 정의되지 않고 오직 온도에 의해 정의되는데, 어느 지역이든 토양이나 암반이 2년 이상 0℃ 이하로 유지하는 곳을 '영구동토층'이라고 한다. 영구동토층은 일년 내내 얼어 있는 땅이다. 영구동토층은 육지에만 있는 것이 아니라 바다 밑에도 존재한다. 영구동토층의 표면은 여름에 살짝 녹았다가 다시 얼기를 반복하는데, 이곳을 활동층이라고 한다. 활동층의 깊이는 영구동토층의 물리적인 특성을 반영하는 매우 중요한 지표이다. 영구동토층이나 활동층 사이에는 얼음복합층이나 얼음쐐기가 박혀 있는데 이것이 녹아버리면 지반 침강이 일어나는 것이다.

영구동토층은 총 2,279만km²의 넓이로 북반구 육지의 24%를 차지한다. 영구동토층은 지난 2~30년 동안 기온 상승으로 인해 융해가 심각하게 진행되고 있으며 이에 따른 온실가스 방출이 증가하고 있다고 한다. 일본 해양지구과학기술청(JAMSTEC)에 의하면 영구동토층 지하1.2 m 온도가 1998~2004년 사이에는 연간 평균 -2.4℃였으나 2005년 -1.4℃, 2006년 -0.4℃로 2005년을 기점으로 급상승하고 있다고 한다. 영구동토층이 녹고 있다는 말이다.

영구동토층이 녹으면 생태계는 어떻게 될까?

영구동토층이 녹으면 어떤 일이 일어날까? 국제연합환경계획(UNEP, United Nations Environment Programme) 한국위원회 2008 지구환경보고서에 따르면 영구동토층 상층부(표면에서 지하 1~25m)에는 약 7,000억~9,500억 톤의 유기탄소가 함유되어 있을 것으로 추정되고 있다. 이는 현재 대기에 존재하는 유기탄소량 7,500억 톤보다 더 많은 양이다. 이들 유기탄소는 분해되지 않은 채 얼어 있는 풀뿌리, 미생물, 나뭇가지와 나뭇잎, 동물의 배설물 등인데, 영국 런던대학 연구진에 의하면 영구동토층이 녹으면서 미생물들의 대사활동이 활발해지고 유기물질 분해가 촉진되어 이산화탄소나 메탄가스와 같은 온실가스의 방출이 증가하고 있다고 한다. 물론 기온이 높아지면 활동층에 서식하는 식물의 이산화탄소 흡수량도 증가할 수 있다. 식물이 성장하는 지역도 넓어질 수 있지만, 극지에서 기온만큼 중요한 것은 강수량이므로 지구온난화에 의해 식생이 다양해지고 분포 범위가 넓어질 것이라고 단정짓기는 어렵다. 하지만, 식생의 모델링에서는 지구온난화가 극지 식물의 생장을 촉진

1 극지연구소 이유경 박사 연구팀. 왼쪽부터 남성진, 한덕기, 김혜민, 이유경
2 메탄 가스가 방출되고 있는 알래스카 지역의 호수
3 빙하가 녹고 있는 북극의 영구동토층

할 것으로 예상하고 있다. 그러나 미생물의 대사활동에 의한 이산화탄소 방출량은 식물에 의한 흡수량을 앞설 가능성이 높다. 미생물은 식물보다 극한 환경에서도 잘 살아남기 때문이다.

이산화탄소뿐만 아니라 메탄도 요주의 가스이다. 토양에서 메탄은 메탄생성균(methanogen)과 같은 고세균에 의해 합성된다. 영구동토층에 갇혀있던 메탄수화물이 녹으면서 메탄이 방출될 수도 있다. 메탄은 대기중에 이산화탄소보다 훨씬 적은 양으로 존재하지만, 온실효과의 정도를 의미하는 지구온난화지수는 이산화탄소보다 21배나 높다. 메탄은 미래의 자원으로도 관심을 받고 있다. 2008년 미국지질조사국(USGS) 발표에 의하면 북극권에는 47조m³의 천연가스가 매장된 것으로 추정되며 이는 러시아 내 총 매장량에 버금가는 막대한 양이다.

기후변화에 의한 동토 활동층의 해빙시기나 해빙기간의 변동은 토양 내의 물리적 또는 화학적인 환경에 직접적으로 영향을 준다. 해빙시기 동안 토양 온도와 토양 수분량은 식물 및 지의류뿐만 아니라 토양 내 미생물의 종류와 그들의 대사에 변화를 초래한다. 이러한 변화는 결과적으로 이산화탄소와 메탄의 방출을 증가시킬 것으로 예상된다. 한마디로 지구온난화로 인해 영구동토층이 녹으면 온실가스 방출이 증가하고 방출된 온실가스에 의해 지구온난화는 가속화되는 되먹임현상이 일어난다는 것이다.

영구동토층은 워낙 방대한 지역이므로 국지적인 어느 한 곳이 아니라 다국적, 다학제적 연구 컨소시엄을 통해 광범위한 지역에서 극지 기후변화와 극지 생물 사이의 상호작용에 대한 구체적이고 과학적인 데이터를 얻을 필요가 있다. 극지연구소에서는 영구동토에 갇혀있는 이산화탄소와 메탄의 방출 속도와 방출량을 예측하고 이들 온실가스의 방출이 기후변화에 미치는 영향을 평가하기 위해서 북극권 영구동토층 환경시스템과 생태계의 변화를 추적하고 있다. 우리는 영구동토층으로 간다!

전통마을의 연못, 남겨둔 생태과제

글 · 사진 이도원 (서울대학교 환경대학원 환경계획학과 교수)

전통생태라는 주제에 관심을 가지게 된 지 몇 해가 흘렀다. 내 의문은 비교적 단순하다. '선조들의 삶과 땅을 보던 방식에 생태학적인 지식이 없었겠는가?' 그러나 아직은 전체를 얽어낼 수준에 이르지 못하여 닥치는 대로 이런저런 소재를 찾아 헤매고 있다.

여기까지 오면서 손대지 못해 내 마음 속에 걸려 있는 하나의 과제는 여러 절집과 전통마을에 있던 연못에 대한 생태학적 해석이다. 지금도 대부분의 절집에는 자그마한 연못이 남아 있는데 체계적 조사목록을 아직 보지 못했다. 지리학자 최원석 교수의 『한국이 비보와 풍수(2004)』라는 책에서는 영남지방의 고을과 마을 규모의 연못을 각각 12개와 19개씩 기록해 놓고 있다. 그러나 내가 지극히 우연히 만났던 마을 연못 몇 개가 목록에 들어 있지 않은 점으로 보아 포괄적이지 못한 듯하다. 이 연못들이 대부분

사라진 둠벙과 흙도랑과 함께 네트워크를 이루어 뭔가 흥미로운 역할을 할 듯한데 무심한 생태학자들의 마음과 손이 미치지 못하고 있는 것은 아닌가? 분포와 기능을 체계적으로 한 번 조사해 볼 가치가 있겠다. 만들었던 까닭이 썩 과학적이지 않다 하더라도 무시하기엔 아까운 문화유산이라 제대로 된 현대생태학적 해석도 한번 해보고 싶은 것이다.

관심을 두고 있으니 현지 사람들이 이미 밝혀 놓은 생태지식을 얻는 때도 있다. 이를테면 경남 고성군 영오면 오서리에는 마을 북쪽이 비어 허전하다고 마을숲, 돌탑과 함께 연못을 만들었다는 기록이 있다. 우연히 지나가다 본 그 연못에는 '미꾸라지가 하루에 천 마리 이상의 모기 유충을 잡아먹으니 잡아내지 말라.'는 안내를 해 놓았다. 이 말은 마을에서 발생하는 오수의 유기물을 무척추

1 경남 고성군 영오면 오서리의 연못 2 전남 해남군 해남읍 연동리의 연지 3 연꽃과 벌. 전남 담양군 금성면 원율리

동물(모기유충)-미꾸라지로 이어지는 생태적 원리를 이용하여 자원으로 바꾼다는 뜻으로도 읽혀진다. 언제부터 미꾸라지가 가진 모기 방제 기능을 인식하고 마을 연못에서 활용하기 시작했을까? 현대생태학의 영향을 받은 안내이겠으나 시골구석에서 흥미로운 생태학적 지식을 확인하는 마음은 즐겁다.

전남 해남군 해남읍 연동리의 마을 이름은 연못이 있어 연못골(한자로 적으면 蓮洞)이라 부른 데서 유래되었다. 약 500년 전 윤선도 종가에 불이 잦아 연못을 만들었더니 이후에는 화재가 줄었다는 말이 전해진다(종손 윤형식 선생 개인 면담). 자료를 찾아보니 풍수와 성리학이 섞인 사연으로 풀이하는 글도 있다.

그건 그렇다 하더라도 나는 그저 마을에서 나오는 오수를 정화하는 데 연못과 아름다운 꽃을 피우는 연을 이용했으리라 짐작했는데 어느 날 문득 한 편의 시를 만나 다른 생각도 인다. 정철(1536~1593)의 송강집 권1에 나오는 '서하당잡영 · 연못(棲霞堂雜詠 · 蓮池)'이라는 시로 이종묵의『우리 한시를 읽다(2009)』옮김을 조금 고쳐본 것이다.

山中畏逢雨 산중이라 비 만날까 두려운데
淨友也能喧 깨끗한 벗 연꽃은 요란하겠네
漏世仙家景 선가의 풍경 가만히 새어 나와
淸香滿洞門 맑은 향 동구에 가득 하구나

'냄새 생태학이 가능하겠구나!' 생태학이 생물과 환경의 관계나 환경에 반응하는 생물의 몸짓을 연구하는 학문이라면 냄새를 매개로 일어나는 생물의 소통방식도 흥미로운 생태학의 대상이겠다. 벌과 나비가 향기를 따라 꽃을 찾고, 꽃가루받이를 하는 줄 알면서 여태 그 생각에 미치지 못했을까? 가만히 생각해보니 분석기술이 발달하면서 생물이 생산하는 기체 특성으로 생물의 관계를 이해하는 화학생태학에서 이미 다루고 있을 것 같기는 하다. 내가 가까이 가지 않았던 분야라 모르고 있었던 것이리라.

이런저런 생각을 모아보니 어쩌면 마을 앞 가까이 연못을 일부러 만든 까닭은 가정하수의 유기물을 물고기의 살과 꽃의 향기로 바꾸고 꿀도 얻으려는 의도도 있었을 듯하다. 과연 선조들이 그런 생각을 하기는 했을까? 노골적인 기록이 없으니 그저 짐작할 뿐이다.

이런 짐작은 가설일 뿐이나 가설 검정은 과학의 몫이다. 설혹 옛 생각이 허술한 틈이 있다손 치더라도 현대과학의 착상을 낳는다면 구태여 마다할 까닭은 없다. 이제 생태학은 더욱 마음의 문을 열고 다양한 착상을 받아들일 자세가 필요하다. 마땅한 여과 장치가 있는 이상 열린 마음으로 착상이 들어올 여지가 크다. 이런 이치에서 생물다양성이 생태계의 회복탄력성(resilience)을 높이는 원리와 닮지 않았는가? 🌿

> 회복탄력성(resilience)은 예기치 못했던 외부의 교란을 흡수하는 시스템의 능력으로 정의된다. 태풍이나 산불, 오염과 같은 교란이 왔을 때 생태계가 유연하게 대처하고 본래의 기능을 가진 상태로 되돌아가는 능력은 일반적으로 생물다양성에 의해서 향상된다.

생태학의 원리와 인류사회

글 · 사진 김준호 (서울대학교 명예교수)

생태학(ecology)과 경제학(economics)은 같은 말 뿌리에서 비롯되었다. 생태학은 복잡한 자연계 구성원 사이에서 일어나는 상호관계를 연구하고 경제학은 인류사회에서 일어나는 상호관계를 밝힌다. 자연계를 자세히 살펴보면 그 속에 깃들어 있는 생태학의 원리가 흔히 인류 사회에도 적용되고 있다.

식물이 우거진 숲 속에 들어가 보자. 키가 큰 나무, 그보다 약간 낮은 나무, 관목, 풀, 땅에 붙어사는 이끼 등이 제각기 다른 공간을 적절히 차지하고 있다. 키 큰 나무는 센 햇빛을 받고 바람막이가 되며, 키 작은 나무는 약한 빛을 받으며, 관목은 보다 약한 빛과 높은 습도를 좋아하고, 풀은 더욱 약한 빛과 많은 물기를 좋아한다. 이들이 숲을 구성하는 질서는 정연하다. 이러한 숲이 삼림군집이다.

삼림군집에서 제 구실을 못하는 식물은 도태되어 새 식물로 대치된다. 도태된 종은 진화계열에서 탈락하여 멸종될 것이다. 이처럼 삼림군집을 형성하는 각각의 식물을 종이라고 부른다. 종은 생물분류의 기본단위라고 알려져 있지만 자연선택으로 생긴 돌연변이의 축적 산물이라고 인식하라면 너무 어려우므로 여기에서는 형태가 다른 생물이라는 정도로 알아두자

삼림군집을 구성하는 식물의 종수는 많을수록 그 군집의 안정성이 높아진다. 울창하게 우거진 삼림군집은 비료를 주거나 농약을 뿌리거나 가지치기를 안 해도 건강하게 유지된다. 하지만 조림지처럼 한 종으로 구성된 숲은 병충해에 약하여 안정성이 낮아진다. 이미 우리는 소나무 한 종으로 구성된 소나무 숲에 솔잎혹파리가 창궐하고, 밤나무가 많았던 탓에 밤나무혹벌이 전파하여 재래종 밤나무를 모조리 죽인 경험을 한 바 있다.

숲 속에는 키 큰 나무, 약간 낮은 나무, 관목, 풀, 이끼 등이 제각기 다른 공간을 적절히 차지하고 있다. 1 왼쪽부터 신갈나무, 졸참나무, 소나무 군락, 곰솔을 타고 올라가는 송악, 산철쭉, 덜꿩나무
2 왼쪽부터 산초나무, 제주조릿대, 풀솜대, 복수초, 큰애기나리, 큰두루미꽃

하물며 벼만 심은 벼논이나 과수를 심은 과수원은 비료나 농약으로 관리하지 않으면 수확할 수 없다.

많은 종으로 구성된 삼림군집은 종과 종 사이에 경쟁, 협동, 견제 등의 상호관계가 맺어진다. 삼림군집 내에서는 한 종의 식물이 병충해의 피해를 받더라도 다른 종이 피해를 받지 않아 전체가 건강을 유지한다. 이러한 상호관계는 종수가 많을수록, 마치 어망(魚網)의 그물코처럼, 종과 종 사이가 긴밀하게 얽힘으로써 이루어진다. 이것이 생태학의 한 원리이다. 하지만 한 종으로 구성된 벼논이나 과수원, 조림지는 그 원리가 적용되지 않는다. 환경이 열악한 중국이나 캐나다에서 메뚜기가 대발생하고 떼를 지어 이동하면서 농작물은 먹어치우는 원인은 자생식물의 종수가 감소되기 때문이다.

식물군집의 종은 사람의 직업에 비유된다. 원시시대에는 직업이 겨우 다섯 손가락으로 셀 정도로 적었을 것이다: 남자는 수렵과 전쟁, 여성은 채집과 취사 등. 봉건사회의 직업 수는 열 손가락으로 셀 수 있을 정도였을 것이다: 농부, 대장장이, 보부상, 노비, 임금님 등. 이처럼 직업수가 적었던 사회에 흉년이 들면 큰 불안에 빠졌다. 1950년대의 직업은 약 2,000종으로 증가하였다. 이 무렵 우리 사회는 몹시 궁핍하였다.

생물종이 진화하듯이 직업의 종류도 진화하여 새 직업이 생긴다. 20년 전에 인기 있었던 직업 중에서 약 20%가 없어지고 새로 보충된다고 한다. 사회 환경에 적응 못한 직업은 없어지고, 잘 적응한 직업은 새로 생기기 때문이다. 하지만 사회와 경제가 발전할수록 진화 속도가 빨라져서 직업수가 증가한다. 더구나 과학기술의 발달은 직업의 종류를 폭발적으로 증가시켰다. 요즘의 직업은 2만~3만 종으로 추정되고 있다. 이처럼 직업 수가 많을수록 사회는 안정하게 유지된다. 한 직업이 불황에 빠지더라도 다른 직업 종사자가 그 불황을 메워주기 때문이다. 삼림군집의 종수 상호관계에 깃들어 있는 생태학의 원리가 인류사회에서도 적용되는 것이다.

한 지역에 같은 직업 종사자가 몰려 있으면 불황을 타기 쉽다. 포항이나 광양에는 큰 제철회사가 있어 쇠와 관련된 종사자가 많이 몰려 산다. 만의 하나 제철산업에 불황이 닥친다면 그 사회는 크게 불안해질 것이다. 이들 사회에는 주산업 이외에 직업을 다양화해야 한다.

인류사회에서 직업의 종류가 증가하는데 식물군집의 종수는 어떠할까? 온대인 우리나라의 산림군집에서 $100m^2$(10m × 10m) 내의 식물 종을 세어보면 약 50종이 기록된다. 한대지역에서는 종수가 훨씬 적기 때문에 군집이 불안정하다. 하지만 열대우림에서는, 처음에 한 종을 본 다음 걸어가는 1km 거리에, 다시 그 종을 발견하지 못할 만큼 종수가 많아서 군집이 지극히 안정하게 유지된다. 🌿

식물의 선택: 봄 꽃부터 가을 열매까지

글 · 사진 강혜순 (성신여자대학교 생명과학 · 화학부 교수)

봄기운이 돌기 시작하면 나무들이 기지개를 펴면서 보드라운 어린잎을 펼칩니다. 참식나무의 벨벳 같은 잔털로 싸인 어린잎, 적단풍 나무의 아주 작고 빨간 잎, 전나무의 가지 끝 연초록 새잎들은 꽃뿐 아니라 아기 잎도 아름답다는 것을 가르쳐 줍니다. 그러나 꽃이 피기 시작하면 아름다운 꽃에 모두 눈을 빼앗깁니다. 물론 꽃이 많이 피는 철도 있고 적은 철도 있지요. 삭막한 겨울에 지친 탓인지 봄철에 꽃이 가장 많이 핀다는 분들도 있지만 거의 60%의 종들이 여름에 꽃 피고, 이어 봄철, 가을철 순서대로 꽃 피는 식물이 적어집니다.

봄이나 여름 동안 많은 종이 꽃 핀다고 해도 모든 종이 동시에 피는 것은 아닙니다. 생강나무가 피고 나면 진달래가 피고, 진달래가 피고 나면 벚나무, 수수꽃다리, 쪽동백나무가 이어집니다. 그 나름의 순서대로 피어납니다. 연속적으로 이어서 꽃 핀다는 것은 꿀과 꽃가루를 찾아다니는 매개곤충들에게는 너무 반가운 사실입니다. 먹을거리를 계속 구할 수 있으니까요. 뭐니 뭐니 해도 봄철 남녘을 여행해 보면 꽃 피기의 순서를 금방 느낄 수 있습니다. 남녘 섬지방의 동백은 겨울이 다 가기 전에 붉디붉은 커다란 꽃을 피웁니다. 아직 쌀쌀하건만 동백에 이어 매화도 화사한 흰 꽃을 피워냅니다. 흰 매화의 위세가 사그라지나 싶으면 노란 산수유가 등장해서 지리산 기슭의 작은 집들이 옹기종기 들어앉은 마을들은 노란 산수유 꽃 속에 묻히고 맙니다. 산수유와 함께 살구꽃도 피어납니다. 이들 꽃이 바래갈 무렵 길가에 줄지어 심은 벚꽃이 분홍 꽃망울을 터뜨리면 온 동네가 분홍색으로 물들어버립니다. 벚꽃이 피어나 그 화려한 꽃잎을 뽐내는가 하는 사이에 벚꽃은 한낮의 꿈처럼 어느덧 지기 시작하고 과수원에서는 하얀 배꽃이 피어납니다. 온 마을과 산이 노랗게, 하얗게, 분홍색 뭉게구름이 핀 수채화 같은 풍경을 이루어냅

니다. 이런 광경을 보며 지는 꽃 덜 슬퍼하고 새로 피는 꽃 반길 수 있으니 다행이라 생각합니다.

지난 30년간 개나리, 진달래, 벚나무의 꽃 피는 시기가 1주일 정도 빨라졌다고 하네요. 그런데 요즘 봄꽃들은 겨울이 예전보다 훨씬 짧고 따뜻해지면서 꽃 피는 시기가 당겨져 예전과는 사뭇 다른 시기에, 다른 순서로 피어납니다. 예전처럼 4월이 아니라 이제는 3월에 개나리가 피기 시작합니다. 어느 해인가는 매화와 벚나무가 거의 동시에 핀 것도 보았습니다. 누군가는 식물들이 어떻게 저마다 꽃 피는 시기를 아는지 물어보더군요. 식물 잎 세포 내에 있는 유전자에 낮 길이와 기온 변화의 신호가 전달되면 플로리겐(florigen)이라는 호르몬이 분비되고 결국 꽃이 핀다는 것이 가장 먼저 생각나는 답입니다. 그러나 열대에서는 일년 내내 꽃 피는 식물이 있는가 하면 일년에 몇 번씩 꽃 피는 식물도 있는 걸 보면 단지 낮의 길이나 기온만이 꽃 피우기를 결정하는 것은 아닙니다. 꽃이 열매와 씨앗을 남기려면 꽃가루받이가 되어야 하고 꽃가루받이를 하려면 벌과 나비가 있어야 합니다. 긴 시간의 규모에서는 꽃 피는 시기가 벌과 나비의 활동시기에 맞추어 진화해온 것으로 보지요.

꽃이 지고 나면 열매가 생깁니다. 열매에는 씨앗이 들어있고 씨앗은 엄마식물로부터 떠나야 합니다. 떠나는 방법에 따라 열매의 생김새가 크게 달라집니다. 버찌나 산사과, 돌배나무, 머루, 누리장나무, 먼나무, 참나무는 빨갛고, 노랗고, 까만 달콤한 열매, 또는 흰 살이 있는 통통한 열매를 만들어 텃새와 철새, 다른 동물들을 불러 모읍니다. 겨울을 나기 위해 영양가 높은 먹이를 찾는 동물들에게 솔씨와 잣은 너무나 좋은 먹이랍니다. 풀은 키가 작고 줄기가 약해 무거운 열매를 매달기 어렵습니다. 애기똥풀은 윤기나는 까만 씨앗에 부채 모양의 흰 살을, 깽

1 화사한 봄날 피어난 으름덩굴의 암꽃과 수꽃은 크기와 구조가 사뭇 다릅니다. / 2 참식나무의 어린잎은 벨벳같이 보드라운 털로 싸여 있어 눈길을 끕니다. / 3 변산반도의 호랑가시나무는 숫자가 많지 않은 취약종이지만 꿀벌이 찾아온 오늘은 행복해 보입니다. / 4 달콤한 빨간 열매를 가을 햇살에 내민 까마귀밥나무가 씨앗을 퍼뜨릴 준비를 하고 있습니다. / 5, 6 깽깽이풀과 연영초는 종자껍질에 흰 살 같은 엘라이오좀(elaiosome)을 붙여 개미에게 먹이로 줍니다.

깽이풀은 길죽한 씨앗에 뽀얀 흰 살을 매달고 있습니다. 이들은 대개 여름이 오기 전에 열매를 터뜨려 씨앗을 쏟아냅니다. 개미들이 모여들어 살이 붙은 씨앗을 개미집 근처로 부지런히 나릅니다. 도둑놈의갈고리처럼 갈고리가 달린 마른 열매를 만들면 동물 몸에 찰싹 붙어서 이동할 수 있습니다. 이도 저도 아닌 식물들은 바람에 의해, 또는 열매가 터지는 힘으로 씨앗을 퍼뜨립니다.

꽃을 피우는 철이 있듯이 열매를 맺는 철도 있습니다. 우리나라 식물 종은 가을(77%)과 여름(20%)에 대개 열매를 맺습니다. 여름에 꽃이 많으니 가을 열매가 많은 걸까요? 가을에 생긴 씨앗이 자리잡고 자라느라 여름에 꽃을 피우는 걸까요? 꽃가루를 이동시키는 매개자에 따라 꽃 피는 시기가 달라질 수 있고, 열매를 퍼뜨리는 매개자에 따라 꽃 피는 시기가 달라질 수도 있겠지요. 진화는 많은 경우에 기존의 특성이 조금씩 변해가면서 진행됩니다. 그렇다면 꽃 피는 시기와 열매 맺는 시기는 조상효과(공통 조상을 가지고 있는 같은 계통의 종들이 유사한 형질을 보이는 현상)에서도 벗어날 수 없습니다. 장미과 식물은 대개 봄철에, 국화과의 많은 식물은 가을에 꽃 피웁니다. 마찬가지로 버드나무과 식물은 봄에, 콩과나 국화과 식물은 가을에 열매 맺는 경향이 있습니다. 꽃 피고 열매 맺는 시기를 그저 호르몬의 작용이라고 하는 것은 생물학적으로 조금 재미없는 이야기가 되지요.

우리나라 식물의 생태에 대한 연구는 아직 많이 모자랍니다. 사라지는 종은 많고 종을 구할 시간은 모자라다 보니 요즘은 '위기종의 전성시대'라 할 만큼 많은 정책적 지원이 이루어지고 있습니다. 그래서 위기종으로 지정된 종들을 우선적으로 보호, 관리, 연구하는 경향이 있고 그러다 보니 흔한 종들은 관심권에서 좀 벗어나 있지요. 그런데 흔한 종들이 기세를 올릴 새로운 소식들이 요즘 나오고 있습니다. 흔한 종들은 위기종이 없어도 큰 영향 받지 않지만 위기종은 흔한 종이 없으면 정말 위기에 놓이게 된답니다. 흔한 식물을 찾아와 수분, 수정을 시키는 많은 매개곤충들이 개체 수가 작은 위기종도 찾아가 꽃가루받이를 해서 열매를 맺도록 도와주기 때문입니다. 이런 연구들은 우리가 서로 다른 일을 하지만 결국은 서로 도와 모두 함께 사는 것처럼, 식물 간에도, 동물과 식물 간에도 보이지 않는 생명의 끈들이 연결되어 있음을 보여줍니다. 이 세상 풍파가 심할 때 도움을 받는 사람은 그렇지 않은 사람보다 어려움을 이겨낼 확률이 높을 겁니다. 이 원리는 생태계 안의 모든 종들에 적용됩니다. 식물 간의 관계, 식물과 매개동물 간의 관계를 유지해야만 우리나라, 나아가 지구상에 더 많은 종을 살리고 아름다운 초록 지구를 만들 수 있습니다. 바로 우리들이 이런 일을 할 수 있습니다. 🌿

가숭어

황복

두줄망둑

쇠백로

꺽정이

민물가마우지

펄콩게

개개비

갈대

붉은머리오목눈이

해오라기

고라니

새섬매자기

삵

뱀장어

청동오리

저어새

버드나무 군락

너구리

말뚝게

올챙이

붕어

멧비둘기

장항습지

그림 이영진 도움 한동욱 진행·글 황영심

행주산성을 지나 죽 뻗은 자유로를 따라 조금만 가면 한강변에 버드나무 군락이 무성한 330만㎡(갯벌과 버드나무 숲 포함)의 장항습지가 있다. 습지보호지역으로 지정된 이곳의 여름 생태계를 그림으로 표현하였다. 한강하구의 기수역에 위치하여 습지뿐 아니라 갯벌, 논, 초지, 숲 등 생물들의 서식처가 다양하게 존재하여 장항습지만의 독특한 생태계가 드라마틱하게 펼쳐지는 곳이다. 선버들과 버드나무 군락은 마치 맹그로브 숲처럼 한강물이 넘나드는 습지에 뿌리를 내리고 산다. 이 버드나무 숲 사이로 발달한 물골을 따라 어부들은 3각망를 설치해두고 뱀장어를 잡는다. 이 숲의 최종소비자인 삵은 청동오리를 잡아먹고 너구리는 지천인 말뚝게를 잡아먹는다. 희귀조인 저어새는 물골 깊숙이 들어와서 가숭어를 잡아먹고, 쇠백로는 논에서 미꾸라지를 맛본다. 갯벌을 점령한 민물가마우지와 해오라기도 장항습지에서 여름을 난다. 갈대숲에는 개개비와 붉은머리오목눈이가, 버드나무 숲에는 멧비둘기가 둥지를 짓고 살며 새섬매자기 군락지 근처 풀밭에서는 고라니가 새끼를 키운다.

1970년 이래로 40년 간 군사보호시설로 접근이 제한된 철조망 안 장항습지는 보호된 자연으로서 물고기도 새도 나무도 풀도 모두 풍성한 계절이다. 하지만 때때로 한강물이 넘쳐흘러 모든 것을 쓸어가 버리면 장항습지는 처음부터 다시 시작한다.

생태학 용어 풀이

생태학의 용어들을 올바르게 이해한다면 생태계에 대한 이해에 한걸음 다가설 수 있지 않을까?
복잡하고 난해한 용어들, 개념 정리를 확실하게 해두자.

글 · 사진 김준호 (서울대학교 명예교수)

생태와 환경

생태(生態)란 생물이 자연계에서 생활하는 모습을 말한다. 여기에서 생물은 식물, 동물 및 미생물이다. 자연계는 지구상의 모든 생물과 무생물을 아우른 상태를 말한다. 넓은 의미의 자연계는 지구뿐만 아니라 우주까지를 포함한다. 지구상의 자연계는 인간의 손길이 닿지 않았던 물, 공기, 토양, 지형, 자연경관, 공기의 순환, 물의 순환, 무기이온의 순환, 기후 변화 그리고 모든 생물을 포괄하고, 이들 구성원이 생태계로서 건강하게 기능을 발휘하는 상태를 말한다. 하지만 현재 지구상의 자연계는 인간 활동으로 본연의 원시상태를 유지하지 못하고 있다.

생물이 자연계에서 생활하는 모습을 연구하는 과학이 생태학이다. 생태학은 생물과 환경 사이의 상호관계를 분석하고 종합하는 자연과학의 한 분과이다.

환경(environment)은 주체가 되는 생물의 주변을 둘러싸고 있는 모든 자연을 말한다. 주체 생물이 없는 환경은 그 실체를 파악할 수가 없다. 생물의 환경은 주체 생물로서 개체와 개체군이 있고, 그 주변을 무생물이 둘러싸고 있다. 특수한 경우 인공구조물을 무생물에 포함하기도 한다. 보통 주체 생물과 적당히 가까운 범위가 환경으로서 의미가 있고, 거리가 너무 멀면 환경이라고 말할 수 없다.

환경은 여러 가지 구성원으로 이루어져 있다. 그 하나하나의 구성원을 환경요인(environmental factor)이라고 한다. 환경요인은 생물요인과 무생물요인으로 크게 나뉜다. 주체 생물에 이웃하는 다른 생물은 같은 종(同種)이거나 다른 종(異種)이다. 예를 들면, 소나무와 소나무가 이웃하고 있으면 동종의 관계이고, 소나무와 상수리나무가 이웃하면 이종의 관계이다.

모든 환경요인이 주체 생물과 이웃의 다른 생물에 똑같이 작용하지는 않는다. 주체 생물에 특히 영향을 크게 미치는 환경요인을 유효환경(effective environment)이라고 한다. 예를 들면, 녹색식물에 대한 햇빛, 개구리에 대한 습도, 발아종자에 대한 산소 등은 유효환경이다.

무생물요인은 햇빛, 기온, 물, 바람, 공기 중의 이산화탄소와 같은 기후요소(1), 토양의 물리적 특성(입자구조, 토양수분, 온도, 공기 등), 화학적 특성(무기물 함량, 산성도 등) 및 토양미생물과 같은 토양요소(2), 지형의 고도, 방위 및 경사와 같은 지위요소(3)로 나뉜다. 환경은 생물을 일방적으로 혹독하게 억압하는 것처럼 보이지만 환경과 생물은 생태계의 구성원으로서 서로 밀접한 상호관계를 맺고 있다. 그리고 생물이 환경에 종속된 것처럼 보이지만 생물은 환경 내에서 스스로 최적 조건을 찾아서 적응하는 능동성을 가지고 있다.

생태학적 관점에서 사람은 모든 생물과 함께 생물요인에 넣어야 한다. 인류사회의 환경문제를 다룰 경우 주체를 어디에 두는가는 매우 중요한 문제이다. 환경문제에서 주체가 무엇이든 현재 인류가 접하고 있는 환경은 인류 자신의 활동으로 많이 변화되었다. 그래서 인간 활동 자체가 중요한 연구 대상이 되고 있다. 따라서 환경문제는 자연과학이나 생태학의 테두리를 벗어나고 있다.

개체군(population)은 어떤 공간에서 사는 같은 종의 생물집단이다. 남극에서 사는 펭귄의 집단은 펭귄 개체군이고, 낙동강 하구에 형성된 갈대밭은 갈대 개체군이다. 이러한 개체군 내에서는 암수 사이에 교배가 일어나고, 밖의 여러 가지 상호작용이 일어나서 개체 간에 밀접한 관계가 형성된다. 따라서 한 개체군은 다른 개체군과 격리되어 특이한 지역집단을 형성한다. 각 개체군마다 특이한 출생률, 사망률, 이입률과 이출률, 개체군밀도, 분포양식, 연령구조, 성비, 유전적 구성 등의 속성이 다르다. 개체군은 좁은 장소를 차지하는 것과 여러 개체군이 모여서 보다 넓은 장소를 차지하는 것이 있다. 따라서 연구하려는 대상에 따라 개체군의 크기를 정해야 한다. 편의상 임의로 구획된 지역 내의 개체 집단이나 한 개체군 내의 특정한 발육단계에 있는 개체 집단을 개체군이라고 부르는 경우도 있다. 예를 들면, 한 펭귄 개체군 내에서 두 살 먹은 개체만을 모아서 2세 개체군이라고 부른다. 자연계에서 형성된 개체군을 인위적으로 형성한 실험개체군과 구별할 경우는 특히 자연개체군(natural population)이라고 부른다. population이라는 용어는 유전학에서 집단(集團)으로, 인구학에서 인구(人口)로 알려져 있으므로 혼동할 수 있다.

군집(community)은 어떤 공간에 여러 종류의 생물, 곧 식물, 동물 및 미생물이 모여 사는 생물집단을 말한다. 자연계에는, 개체군이 아닌, 많은 종류의 생물이 섞여서 군집을 형성한다. 특히 여러 종류의 식물로 형성된 삼림을 삼림군집이라고 부른다.

군집은 학자들이 보는 견해에 따라 세 가지 학설로 설명한다. 첫째 군집유기체설(또는 통일적 개념설)은, 어떤 서식장소에 사는 생물집단은 환경이 허용하는 범위 내에서 유기적 집합체를 형성하여 특이한 경계와 발육양식을 갖는다는 견해이다. 이 견해에서는 환경조건이 비슷하고 상관(멀리에서 바라본 군집의 외모)이 같은 생물집단을 동일한 군집으로 보고 있다. 둘째 군집구성의 개별개념설은 군집 내의 각 종이 중복하여 분포함으로써 경계가 확실하지 않고, 각 군집의 종류 구성을 통계적으로 파악할 수 있다는 견해이다. 이 견해는 생태계 내의 생물군집을 기능계라고 보고 있다. 셋째 군집의 먹이사슬설(또는 상호산재설)은 군집을 여러 영양단계로 구분하거나, 다른 종류의 작은 서식장소에 각각 다른 생활양식을 가지는 여러 종의 개체군이 서식하면서 상호관계, 곧 먹고 먹히는 관계를 맺는다는 견해이다.

군집 중에서 식물만을 분리하여 식물군락 또는 군락이라고 부른다. 편의상 특정 개체군을 중심으로 그 주변의 생물을 모아서 소나무군집이라고 부르거나 특정 생활양식의 생물을 모아서 어류군집이라고 부르기도 한다. 🐡

1 개체군은 어떤 공간에 형성된 같은 종의 생물집단이다.
남아프리카 공화국의 펭귄 개체군
2 여러 종류의 생물이 모여서 군집을 형성한다.
한라산의 삼림군집

인간과 타 생물이 공생하는 생태계의 아름다움

생태계를 복원하려는 의지, 환경오염에 대한 고발과 기술 문명 비판, 새로운 모랄에 바탕한
인간과 자연의 관계 재정립 등 다양한 주제들을 포함한다. 글 문혜원 (아주대학교 국어국문학과 교수)

생태시는 생태의식을 바탕으로 하고 생태학적 상상력에 의거하여 쓰여진 시 전반을 지칭하는 개념이다. 따라서 생태계의 본질을 규명하거나 훼손된 생태계를 복원하려는 의지, 환경오염에 대한 고발과 기술 문명 비판, 새로운 모랄에 바탕한 인간과 자연의 관계 재정립 등 다양한 주제들을 포함한다.

우리 시에서 생태학적 상상력이 나타나는 최초의 작품은 널리 알려져 있는 김광섭의 「성북동 비둘기」이다. 1968년에 쓰여진 이 시는 산업화와 도시 개발로 인해 파괴되는 자연 환경의 모습을 보금자리를 잃어버린 비둘기에 비유해서 표현하고 있다. 생태 문제에 대한 관심은 1970~80년대에 점차 심화·확대되고, 1990년대에는 생태 문제가 창작만이 아니라 비평계의 중요한 쟁점으로 자리 잡게 된다. 초기의 생태시는 환경오염의 실상을 고발하고 물질문명의 폐해를 비판하는 '환경시'와 자연의 고마움을 강조하고 생명의 소중함을 기리는 '생명시'로 대별된다. 이형기의 「전천후 산성비」, 신경림의 「이제 이 땅은 썩어가고만 있는 것이 아니다」, 최승호의 「공장지대」 등은 문명이 불러온 환경오염의 실태를 고발하고 그 심각성을 경고하고 있다.

여기서 자연은 인간에 의해 파괴되고 왜곡된 동시에 인간의 생존을 위협하는 존재로 그려진다. 폐수나 오염된 공기, 토양 오염 등은 그것을 환경으로 하고 살아가는 인간의 삶을 위협한다. 자연은 인간을 둘러싼 친화적인 환경이 아니라 인간에게 복수를 가하는 두려운 존재로 인식된다. 이러한 시들은 인간의 무차별한 개발을 비판하고 있기는 하지만, 궁극적으로는 환경오염이 인간에게 미치는 위험을 경고하고 그 위험을 방지하자는 의미를 가지고 있어서 여전히 인간중심적인 입장에 있다고 할 수 있다. 이에 비해 정현종의 「환합니다」나 고재종의 「면면함에 대하여」 등은 자연의 덕성스러움을 찬양하고 생명의 소중함을 강조한다. 자연은 문명으로 훼손되기 이전의 삶의 상징이며 생태계의 균형을 유지하고 있는 이상적인 공간으로 설정된다. 이런 면에서 생명시는 자연을 완상의 대상으로 보는 전통적 서정시와 구별되지만, 자연을 대다수의 사람들이 살아가고 있는 현실 공간과 동떨어진 특별한 공간으로 보고 있다는 점에서 여전히 비현실적이다.

자연을 일상의 삶과 구별되는 평화롭고 완전한 공간으로 설정하는 것은 오히려 현실적인 문제점들을 은폐하는 결과를 낳는다. 가령 생명시의 배경으로 등장하는 농촌이라고 하더라도 삶의 상황은 실상 도시와 큰 차이가 없다. 이상향으로서의 자연의 이미지 또한 인간이 만들어놓은 환상으로서 생태계 자체의 본질을 왜곡하는 것이다.

중심의 괴로움

김지하

봄에
가만 보니
꽃대가 흔들린다

흙밑으로부터
밀고 올라오던 치열한
중심의 힘

꽃피어
퍼지려
사방으로 흩어지려

괴롭다
흔들린다

나도 흔들린다

내일
시골 가
가
비우리라 피우리라.

이러한 단계를 거치며 발전해온 생태시는 인간중심적인 시각에서 벗어나 인간과 타 생물이 공존하는 공생의 관계를 지향한다. 인간과 타 생물은 모두 생태계의 부분으로서 공평한 자격과 권리를 갖는다. 생태계가 본연의 평형 상태를 유지할 때 인간과 타 생물 그리고 타 생물들 상호 간의 관계는 가장 자연스럽고 안정된 상태가 된다. 인간을 중심으로 놓고 보는 시각을 잠시 접어놓고 보면, 인간의 삶은 다른 생물들의 삶과 크게 다르지 않다. 생태학적 관점에서 본다면 인간은 타 생물과 동등한 생명으로서의 가치를 지닌 생태계를 구성하는 일원일 뿐이다.

김지하의 「중심의 괴로움」은 이러한 생태시의 특징을 잘 반영하고 있다. 이 시는 환경오염과 문명의 위협을 고발하는 대신 작은 꽃대 하나의 힘에 주목하고 있다. 봄이 오자 꽃을 피우려는 꽃대가 가만히 흔들린다. 이 흔들림은 꽃대에서 생겨난 것이 아니라 흙에 묻혀 있는 뿌리로부터 온 것이다. 엄동설한을 견디며 조금씩 조금씩 전해져 온 생명의 기운이 이제 꽃대까지 이르러 비로소 꽃을 피우려 하는 것이다("흙밑으로부터/ 밀고 올라오던 치열한/ 중심의 힘"). 그것은 단지 꽃 하나가 피는 것이 아니라 뿌리로부터 전해져 온 생명의 힘을 사방으로 전파하는 것이다("꽃피어/ 퍼지려/ 사방으로 흩어지려"). 그러나 모든 생명의 탄생이 그렇듯이, 꽃의 탄생은 쉽지 않다. 하나의 생

명이 태어나는 것은 그만큼의 고통과 인내와 기다림이 필요한 일이다. 꽃을 피우려는 꽃대는 그래서 괴롭고 흔들린다. 괴로움과 흔들림은 꽃대에만 해당하는 것은 아니다. 그것은 꽃대를 바라보는 '나'에게 고스란히 전해져서 '나'의 흔들림을 불러일으킨다.

생명 탄생의 순간에 경의를 표하는 것은 이호우의 「개화」나 서정주의 「국화 옆에서」도 마찬가지이지만, 이 시들이 생명 탄생의 떨림을 통해 자연의 이치를 깨닫는 것으로 귀결되는 반면, 「중심의 괴로움」에서 강조되는 것은 생명 탄생의 엄숙함이나 경의가 아니라 그 생명과 같이 하는 호흡이다. 꽃대의 흔들림은 그것이 감추고 있는 생명의 치열한 힘을 알게 하고, 그 힘은 인간인 화자에게 전달되어 똑같은 흔들림을 가져온다. 화자가 시골에 가서 비우고 싶은 것은 생명의 본질적인 삶을 방해하고 왜곡하는 모든 것들이다. 그것을 모두 비우고 나서 화자 또한 생명을 피우려고 한다. 그것은 자연에서 배운 생존의 힘을 깨닫고 그것을 회복하는 것이다.

인간인 화자와 자연인 꽃은 공통적으로 생명을 보존하려는 속성을 가지고 있고 그 힘으로 자신의 생을 유지하는 동시에 생태계의 균형을 이룬다. 이처럼 시인은 작은 꽃대 하나에서 생태계 전체의 평형의 힘을 읽어낸다. 인간과 타 생물이 자연스럽게 합일되는 순간이다. ❹

자연과 인간의 공존을 위한 메시지

인간 중심의 사고에서 벗어나, 인간도 생태계를 구성하는 무리 중 하나일 뿐이며 문명의 힘을 빌려 자연
파괴를 자행하여 생태계의 조화에 장애가 되고 있다는 점을 새삼 돌아보게 된다. 글 이수원 (영화평론가)

〈모노노케 히메〉(1997)는 일본 애니메이션의 거장 미야
자키 하야오의 다섯번째 장편으로, 그의 존재를 전 세계
에 확고히 각인시킨 작품이다. 국내에는 '원령공주'라는
제목으로도 알려져 있으며 생태계에 대한 관심, 자연과
인간의 공존에 대한 성찰, 그리고 종말에 대한 두려움과
미래를 향한 희망이 동시에 담겨 있다.

〈모노노케 히메〉는 미야자키의 타 영화들과 마찬가지로
초자연적 경이와 비현실적 판타지가 극히 자연스러운,
신비의 세계에서 펼쳐진다. '동쪽 마을'의 아시타카라는
소년이 마을 사람을 구하기 위해 '재앙신' 멧돼지를 활로
쏴 죽이면서 상처를 입고, 이를 치유하기 위해 서쪽의 '시
시 신'을 찾아 나서면서 영화가 시작된다. 들개의 젖을 먹
고 자란 모노노케를 만나, 그녀를 도와 숲(산)을 해치는
인간과 그에 저항하는 동물들의 대립을 막아보고자 한
다. 결국 생명이자 죽음인 시시 신의 자비에 따라 저주를
푸는 것으로 끝난다.

상기한 줄거리를 보면 이 영화가 극히 단순한 내용을 다
룬다는 것을 알 수 있다. 그러나 인간과 그 인간을 둘러싼
자연의 관계를 설정하는 방식은 남다르다. 숲과 숲의 주
인인 동물(이들은 신 같은 존재로 그려진다)들이 한쪽에,
인간이 그 반대쪽에 자리하는 이분법적 구조는 우리에게
이미 익숙하지만, 이 영화에서는 숲, 동물, 자연에 대한
존중과 삼감이 각별하기에 인간 중심의 관점이 약화된다
는 특징이 돋보인다. 인간이 우월한 입장에서 자연을 대
상화하는 것이 아니라, 단지 자연의 한 일원으로서 인간
이 존재한다. 이는 영화 초반 모든 사건의 발단이 되는 아
시타카와 재앙신의 관계에서부터 분명히 제시된다. 비록
사람의 목숨을 구하기 위해서였다지만 아시타카는 재앙

신을 죽이자마자 치명적인 저주를 받고 죽을 운명에 처
한다. 위험에 처한 사람을 구하는 행위가 결코 동물을 죽
이는 것보다 우위에 있을 수 없다는 '신선한' 발상이면서,
자연 구성원들 간의 동등한 지위를 영화 초반부터 내세
우는 설정이다. 게다가 영화가 진행되면서 차차 밝혀지
게 되지만, 멧돼지 재앙신은 인간이 쏜 총탄 때문에 원한
과 분노로 잘 죽지 못해 생겨났으니, 그런 '괴물'을 탄생시
킨 것은 결국 인간의 책임이다.

이 영화에서 숲 혹은 산으로 대변되는 생태계가 인간과
동등하거나 우월한 위상으로 제시되는 것은 직접적인 대
사나 사건을 통해서기도 하지만, 형식적으로 동물들을
표현하는 방식에 의하기도 한다. 가장 먼저 눈에 띄는 것
은 각자의 영역이 분명한 동물 우두머리들이 '태곳적 크
기를 유지한' 모습으로, 인간과 비교가 안 될 정도의 거대
한 몸집을 하고 있다는 점이다. 모노노케의 엄마인 들개
모로나 멧돼지 무리의 대장이 바로 그렇다. 인간들에 의
해 숲이 훼손당하고 그들의 영역이 줄면서 동물들이 점
점 왜소해진다는 얘기는 의미심장하다. 또 다른 측면은,
이들 거대 동물과 인간이 서로 대화를 주고받는다는 데
있다. 미야자키 영화에서는 거의 예외 없는 설정인데, 인
간이 자연과 보다 가까웠던, 자신의 주변과 소통할 수 있
었던 시절을 상기시킨다. 들개의 딸로 자라 동물들의 언
어를 사용하는 모노노케는 인간과 동물의 중간적 존재
다. 그녀가 동물들의 편에서 자연을 훼손시키는 인간을
공격한다면, 아시타카는 인간의 편에서 자연에 다가가려
는 존재로, 이 둘은 결국 자연과 인간의 화해를 향한 미야
자키의 염원을 대변한 것이다.

영화를 보다 보면 어느덧 인간 중심의 사고에서 벗어나,

〈모노노케 히메〉의 미야자키 감독은 생태계에 대한 존중을 형식 자체에 의해 표현해냈다. 1 거대한 몸집의 들개 모로와 모노노케 히메 2 데다라 신 3 시시 신

인간도 생태계를 구성하는 무리 중 하나일 뿐이며, 그런데도 문명의 힘을 빌려 자연 파괴를 자행함으로써 생태계의 조화에 장애가 되고 있다는 점을 새삼 돌아보게 된다. 이는 생명을 상징하는 시시 신의 목을 자른 결과 죽음의 힘이 온 천지를 어둡게 휘감는 영화 후반부의 종말론적 기운에 의해 특히 강조된다.

〈모노노케 히메〉의 메시지는 대개의 애니메이션과 마찬가지로 상당히 직접적으로 제시된다. 작가주의 이론에 따르면 한 감독을 작가로 만드는 것은 주제 의식과 더불어 그의 독특한 스타일이다. 미야자키 또한 세계가 인정하는 탁월한 장인의 손길을 발휘함으로써 생태계에 대한 존중을 형식 자체에 의해 표현해낸다. 우선 자연과 인간의 싸움을 표현하는 데 있어서 전체적으로 밝은 색조와 어두운 색조를 대비시킨다. 평화로운 자연은 초록색 벌판과 산, 숲, 나무, 파란 하늘과 구름, 맑은 물 같이 밝은 느낌으로 표현되는 반면, 인간의 침략과 폭력으로 파괴되고 변질된 자연은 끔찍하고 징그러운 재앙신이나, 목을 잃어버린 분노로 초목을 초토화하는 암갈색의 데다라 신처럼 어두운 색조로 대변된다. 이런 색채 대비는 관습적이지만, 미야자키 특유의 스타일과 캐릭터는 특별히 정교하고도 생생한 이미지를 탄생시킨다.

전체적인 대비 외에도, 미야자키는 표면적인 주제와는 독립적으로, 보다 은밀하게, 아름다운 자연의 존재를 관객에게 전달하는 스타일리스트로서의 미덕을 발휘한다. 사건 전개와는 큰 상관없는 장면에서 영상 자체가 지극히 섬세하게 처리되어, 문득 자연이 생동감 있게 다가오는 순간들이 있다. 종종 자연을 대변하는 안개, 구름, 비를 '그저' 연출하는 이 장면들은 입이 떡 벌어질 만큼 사실적이고도 몽환적이다. 영롱하고 투명한 자연, 그 아름다운 존재를 영상의 힘만으로 절감할 수 있도록 하는 거장다운 솜씨다.

자연의 본원적 아름다움을 백번 강론하는 것보다 이처럼 감각적인 방식으로 조용히 느끼고 깨닫도록 하는 것이 더 효과적이지 않을까? 미야자키는 처음으로 자신의 이름을 내걸고 만들었던 〈바람 계곡의 나우시카〉(1984) 이래, 〈폼포코 너구리 대작전〉, 〈천공의 성 라퓨타〉에서도 인간기술의 지나친 발달을 비판하며 자연과의 공존을 주된 메시지로 내건 바 있다. 그 외 영화들도 어떤 소재를 택하든 현실에서 극을 이루는 두 세계(인간과 동물(〈붉은 돼지〉, 〈이웃집 토토로〉) 혹은 과학과 마법(〈하울의 움직이는 성〉) 간의 경계를 허무는 것이 일관되게 나타나고 있다. 결국 미야자키는 차이와 대립을 해소함으로써 인간이 자신을 둘러싼 것들과 화해하기를 촉구하는 듯하다. 그렇다면 이미 멀리 와버린 인간이 다시금 자연의 일원으로 복귀하는 것이 가능할까?

영화의 마지막 부분은 많은 것을 시사한다. 죽음이 휩쓸고 간 숲에 다시 새싹들이 돋아나고 삶의 기운이 조금씩 감돈다. 생명과 죽음을 동시에 대표하는 신이 베푼 자비로, 인간은 다시금 자연과 생명에 대한 희망을 품을 수 있게 되는 것이다. 미야자키는 인간이 자연과의 관계를 회복할 경우, 비록 처음 같지는 않겠지만, 여전히 희망은 존재한다는 것을 보여줌으로써 무한한 자연의 자비에 호소한다. 암흑이 물러간 뒤의 이중적 색조를 담은 마지막 이미지는, 비관적 전망 속에서도 자연과 인간의 화해를 모색하고 공존의 길을 열어두려는 감독의 메시지를 무언으로 담아낸다. 🄰

야생동물, 소리로 세상을 만나다

야생동물에게 소리는 어떤 의미를 지닐까? 사람이 이해할 수 없는, 때론 들을 수조차 없는
동물들의 소리를 들어보자. **글 · 사진** 김서호 (KBS PD)

지역적 방언이 존재하는 '돌고래의 초음파'
서식지가 바다인 돌고래는 동료와의 의사 소통을 위해
초음파를 사용한다. 시각이 발달한 돌고래지만 바다 환
경 자체가 시야가 맑은 곳만 있는 것이 아니기 때문이다.
혼탁한 시야에서 동료에게 자신의 의사를 전달하기 위해
선 초음파가 최적이다. 돌고래는 보통 휘슬음과 클릭음
을 사용한다. 클릭음(컴퓨터의 마우스 클릭음과 유사하
다고 해서 붙여진 이름)은 사물의 모양이나 거리를 파악
하는 데 사용한다. 소리가 사물에 부딪쳐 되돌아오는 성
질을 반향정위(echolocation)라고 하는데 돌고래는 클릭
음을 발사해 음의 되돌아오는 정도로 거리와 모양을 파
악하는 것이다. 주로 돌고래가 물고기 사냥을 하거나, 수
중에서 다이버를 만났을 때 가장 먼저 발사하는 음이 바
로 클릭음이다. 휘슬음은 사람이 내는 휘파람 소리와 비
슷하다. 주로 동료들 간의 통신음으로 사용된다. 이 음은
아직 정확히 음을 구별할 수 있는 단계는 아니다. 필자는
프로그램 자문을 받기 위해 돌고래의 휘슬음을 연구하는
일본의 학자에게 자문을 구한 적이 있지만, 극히 단순한
휘슬음을 제외하고는 아직 연구단계에 그치고 있다.
그런데 이 초음파에도 지역적 방언이 존재한다고 한다.
과연 그럴까? 과천 서울동물원에는 돌고래가 3마리 산
다. 그런데 그중 태지라는 이름을 가진 돌고래가 따돌림,
소위 왕따를 당하고 있었다. 그 이유가 재밌다. 태지의 출
신지가 나머지 두 마리와 다르기 때문이라는 것이다. 태
지는 일본 타이지 출신이고, 나머지 두 마리의 돌고래는
제주산이다. 조련사는 태지가 나머지 제주산 두 마리 돌
고래와 말이 통하지 않기 때문에 왕따를 당하고 있다고
했다. 그런데 얼마 후 타이지 지역에서 또 한 마리의 돌고

래가 서울 동물원으로 오게 되었다. 과연 그 돌고래가 태
지의 친구가 될 수 있을까? 태지는 고향(?)에서 온 친구
를 보자마자 접근을 시도하며 친근감을 보이기 시작했
다. 마치 수십 시간의 긴 여행에서 탈진한 친구를 도우려
는 듯 태지는 돌고래의 주변을 맴돌고, 클릭음과 휘슬음
을 계속 발산했다. 동물 커뮤니케이션을 전공한 학자들
에 따르면, 돌고래처럼 사회적 접촉음을 구사하는 동물
들은 지역에 따라 상이한 접촉음을 가지고 있다고 한다.
그러므로 태지가 제주산 돌고래의 접촉음을 익히지 않는
한 이들의 관계는 요원할 수밖에 없다.

괭이갈매기에게 소리는 생존의 문제?!
야생동물의 소리는 한국교원대에서 활발히 연구가 되고
있었다. 가장 깊게 연구된 분야는 괭이갈매기이다.
경남 통영군 무인도 홍도는 세계 최대의 괭이갈매기 번
식처다. 괭이갈매기의 번식기는 대략 4월에서 7월. 이 시
기에 홍도를 방문하면 수만 마리 괭이갈매기의 합창에
옆 사람의 소리가 들리지 않을 정도다. 새끼가 태어나기
시작하는 5월 말 홍도에는 새끼들의 사체가 늘어난다.
병들어 죽는 경우도 있지만, 대부분 제 집을 벗어난 새끼
가 이웃집 어미에게 물려 죽는 경우가 많다. 이웃집 어미
새가 자신의 영역을 침입한 새끼를 한 눈에 알아보고 공
격을 가한 것은 전혀 신기할 일이 아니다. 그런데 연구에
따르면 괭이갈매기 어미는 적어도 생후 1주일이 지나기
전까지는 그 새가 자신의 새끼인지 남의 새끼인지 구별
을 하지 못한다고 한다. 그렇다면 어떻게 제 새끼가 아님
을 알았을까? 정답은 '소리'다. 괭이갈매기는 태어나기 전
부터 생후 하루나 이틀째까지 제 어미의 소리를 끊임없

야생동물 소리의 세계도 모습만큼이나 다양하고 흥미롭다. 1 돌고래 2 괭이갈매기 3 코끼리 4 섬휘파람새

이 듣게 된다. 태어나자마자 처음 듣는 그 소리를 새끼는 평생의 어미 소리로 인식하는 것이다. 이를 '각인효과'라고 한다. 즉 어미는 눈으로는 제 새끼를 구별하지 못하지만 자신의 뮤콜소리(어미가 새끼를 부르는 기본적 소리)에 새끼가 적극적으로 반응하면 제 새끼로 인식하는 것이다. 제 어미의 소리가 아님을 안 새끼가 뒷걸음치거나 몸을 움츠리게 되면 이웃집 어미는 제 새끼가 아님을 알고 맹렬히 공격한다는 것이다. 괭이갈매기 새끼는 얼마나 정확하게 어미의 소리를 인지할까? 그 결과를 알아보기 위해 삼육대 정훈 교수가 실험을 했다. 먼저 갓 태어난 4마리의 새끼에게 사람의 소리를 들려줬다. 생후 일주일 후, 한 개의 녹음기에는 평소 그 새끼가 들었던 사람의 소리를, 다른 한쪽은 괭이갈매기의 소리를 들려주었다. 결과는 어떻게 되었을까? 4마리의 새끼가 모두 주저 없이 사람의 소리가 담긴 녹음기로 향했다. 재미있는 것은 녹음기 음의 미세한 차이에도 새끼들이 반응을 했다는 사실이다. 원래 녹음기 소리를 다른 녹음기에 넣고 시도를 해봤더니, 새끼들이 반응하지 않았다. 괭이갈매기의 집단 번식처에서 새끼들은 다른 어미들과 불과 1미터도 안 되는 환경에서 생활한다. 제 어미와 다른 어미의 미세한 소리의 차이를 구별해야만 생존할 수 있는 것이다.

사람은 모른다? 초저주파를 구사하는 코끼리
사람은 보통 20Hz에서 20,000Hz의 소리를 들을 수 있다. 코끼리 수컷의 구애음은 이보다 낮은 15Hz 정도이니까 사람은 들을 수가 없다. 돌고래가 초음파로 통신을 한다면 코끼리는 초저주파로 동료들과 의사전달을 한다. 번식철이 되면 수컷 코끼리는 초저주파음을 사용해 수 킬로미터 밖에 있는 암컷을 유혹한다. 소리는 주파수가 낮아질수록 멀리 나가는 성질이 있다. 아프리카처럼 드넓은 초원에서는 초저주파를 사용하는 게 당연하겠지만, 비좁은 동물원 우리에서 생활하는 코끼리도 과연 초저주파를 사용할까? 과천 서울동물원에서 아무런 소리도 내지 않는(적어도 사람이 보기엔) 코끼리의 소리를 초저주파를 탐지할 수 있는 기계를 사용해 들어봤다. 코끼리들은 엔진음 소리와 함께 둔탁한 소리를 내고 있었다. 사람이 들을 수 없을 뿐이지 코끼리들은 소리를 발산하고 있었던 것이다.

섬휘파람새의 방언, 그때그때 달라요.
섬휘파람새가 지역적으로 방언이 다 다르다는 사실은 조류 연구가들에겐 널리 알려져 있다. 거제도의 섬휘파람새와 제주도의 섬휘파람새의 소리가 다르고, 그들은 또 외연도(서해)의 것과 크게 다르다. 거제의 섬휘파람새에게 박제와 함께 육지에 사는 휘파람새 소리를 들려주었다. 별 반응이 없었다. 그러나 이웃집 섬휘파람새의 소리를 들려주자 반응이 달라졌다. 똑같은 박제임에도 소리가 이웃집 섬휘파람새의 소리로 바뀌자 섬휘파람새가 공격을 시작한 것이다. 이는 섬휘파람새가 경쟁자인 이웃집 개체와 전혀 다른 지역에 서식하는 개체(즉, 경쟁이 되지 않는 개체)의 소리를 구별할 줄 안다는 사실을 말해주는 실험이다. 박쥐가 왜 서식처에 따라 주파수가 다른지, 돌고래가 어떻게 의사소통을 하는지 이제 서서히 밝혀지고 있다. 사람이 모르는 야생동물 소리의 세계, 분명한 것은 알면 알수록 깊이 빠지게 되는 흥미 있고 가치 있는 분야라는 점이다. ●

행복한 자연관찰 그림 그리기

미술은 자신을 표현할 수 있는 또 다른 '표현 언어'를 갖게 하여 행복해질 조건에
더 다가갈 수 있게 한다. **글·그림** 임종길 (수원 대평중학교 교사)

새 학기 첫 미술시간, 아이들에게 '왜 미술을 배우는가?' 하는 질문으로 시작합니다. 시원스런 답이 나올 리는 없고 얘기를 풀어나가기 위한 질문입니다. 그 질문은 내게 던지는 질문이기도 합니다. 나 또한 미술대학을 졸업하고 한참 지난 뒤에서야 어렴풋하게 그 질문에 대한 대답이 정리되었습니다. 나름대로 여러 이유가 있겠지만 제 생각으로는 학교에서 미술을 배우는 이유는 행복해지기 위해서라고 생각합니다. 미술을 배워서 꼭 행복해진다기보다는 자신을 표현할 수 있는 또 다른 '표현 언어'를 갖게 되므로 행복해질 조건에 더 다가간다는 의미일 것입니다. 되돌아보면 대학을 졸업한 이후에도 내가 행복해질 수 있는 또 다른 언어를 배웠고 갖고 있다는 생각을 하지 못했습니다.

정작 내가 미술이라는 행복한 언어를 갖고 있다고 느낀 것은 여행을 통해서입니다. 언어도 잘 통하지 않는 외국 여행에서 그림은 다른 언어를 사용하는 사람들과 쉽게 친해질 수 있는 중요한 매개물 역할을 톡톡히 했습니다. 그림은 여행을 더 풍부하게 해 주었습니다. 이후 여행에서 돌아와서도 내 주변 사람들과 소통하는 과정에 그림은 소

중한 역할을 했습니다. 언제부턴가 작은 스케치북을 가지고 다니며 디지털카메라로 찍듯 그림으로 기록하는 습관이 생겼습니다. 그림의 소재는 많은 부분 내가 관심을 갖고있는 풀이나 나무 같은 자연물이었습니다. 자연의 작은 변화를 살피는 즐거움을 알고 있던 터에 그림이 더해지니 더욱 즐거운 일이 되었습니다.

그런데 몇 년 전부터 생태 세밀화에 관심을 갖는 분들이 많아졌습니다. 여기저기 강좌도 열리고 내 주위에서도 세밀화를 배우기 원하는 분들을 자주 만나곤 합니다. 하지만 그런 분들에게 조금 다른 제안을 하고 싶습니다. 전시회나 책에서 만나는 세밀화가 신기하고 멋있어 보일지는 몰라도 아마추어 화가에게는 썩 행복한 그림 그리기가 아니라는 생각 때문입니다. 오히려 자연물을 관찰하고 서툴면 서툰 대로 차분하게 그려보고 느낌을 써보는 '관찰일기' 같은 그림이 행복한 그림 그리기라고 생각합니다. 천부적인 소질이 없어도 몇 가지만 주의한다면 누구나 어느 정도 수준의 그림을 그릴 수 있다고 생각합니다. 그래서 내가 생각하는 자연그림 그리기 방법을 몇 가지 소개해 봅니다.

아마도 큰 맹금류의 식사 흔적같다
안쓱하게 먹어치웠다. 뿌리모양으로 봐서
까치나 까마귀로 보인다. 2009.2-종길

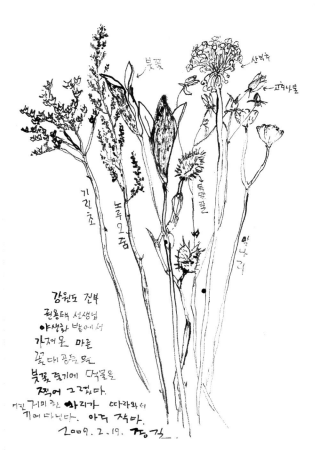

붓꽃
산박주
고추나물
긴
초
노
루
오
줌
독
말
풀
뚝
나
리

강원도 진부
권용택 선생님
야생화 밭에서
가져온 마른
꽃대 꽁들 모아
붓꽃 줄기에 다발을
지어 그렸다.
거건 거미 한 마리가 따라와서
계속 따닌다. 아주 작아.
2009. 2. 19. 종길.

01_ 천천히 그려요.

이 점이 매우 중요합니다. 그림을 잘 그리든 못 그리든 천천히 그리는 것이 기본입니다. 천천히 그리면 습관적으로 관찰하지 않고 그리는 문제점을 어느 정도 극복할 수 있습니다. 대부분 보고 그리는 그림에서 가장 큰 문제점은 눈으로는 보고 있지만 보이는 대로 그리지 않고 자신이 생각한 대로 습관적으로 그리는 데 있습니다.

02_ 관찰이 중요해요.

관찰을 잘해야 그림이 재미있습니다. 관찰을 잘한다는 것은 선입관을 버리고 꼼꼼하게 살피는 것을 말합니다. 그렇게 관찰하다 보면 평소 보지 못했던 것을 발견하기도 합니다. 종종 지나치게 작은 것을 관찰하다 보면 그림이 엉뚱한 곳으로 흘러가기도 하지만 어쨌든 관찰은 심심하지 않은 그림을 만들어 줍니다.

03_ 특별한 펜으로 시작해봐요.

처음 그림을 시작할 때 특별한 펜으로 나무젓가락을 깎아 만든 펜을 준비하곤 합니다. 이 펜에 잉크나 먹물을 찍어 그립니다.
그림에 자신이 없어 용기가 안 날 때 한번 그으면 지울 수 없는 먹펜은 자신감 있게 그릴 수 있는 용기를 줄지도 모릅니다. 마치 잘 차려입은 옷을 입고 불안하게 흙장난을 치다가 일단 옷이 흙에 완전히 망치고 난 후에는 아무 거리낌 없이 자유롭게 장난을 치는 것과 같은 이치라고나 할까요.

04_ 확대해서 그리지 않아요.

작은 대상을 그릴 때도 꼭 필요한 것이 아니면 확대해서 그리지 않는 게 좋습니다. 확대하면 그만큼 밀도가 떨어질 수 있습니다.

05_ 글을 써서 마무리해요.

그리기가 끝나면 그림 한쪽에 관찰한 내용이나 그리면서 들었던 생각을 글로 써 봅니다. 글은 되도록 단문보다는 서술형으로 하는 것이 좋습니다. 글씨도 그림의 일부입니다. 자연을 관찰하고 그리는 과정은 자연과 친해지는 과정이기도 하지만 변화무쌍한 자연은 그림을 배우는 훌륭한 소재입니다. 자연관찰 그림 그리기가 행복한 삶의 한 부분이 되기를 바라는 마음입니다.

리기가 소나무의
뿌리 뻗어를 벌집.
팥배나무
갈참나무
도토리
오리나무

햇살 좋은 가을
칠보산을 산책했다. 생강나무, 붉나무, 개옻나무
단풍이 산을 화려하게 만들었다.
팥배나무도 노랗게 물들었다. 빨간열매를
새들이 좋아하고 있었다.
떨어진 숲의 흔적들을 가져와 그려봤다.
2009. 10. 25 종길.

생태 논문 Academic Papers

정리 강호정, 송근예, 장인영, 박순영, 이승훈 (연세대학교 사회환경시스템공학부)

농약이 논 생태계의 절지동물 군집에 미치는 영향은?

박홍현, 이준호. 2009. Impact of Pesticide Treatment on an Arthropod Community in the Korean Rice Ecosystem. Journal of Ecology and Field Biology(한국생태학회지) 32: 19-25.

우리나라 및 동남아시아의 독특한 경작방식인 논은 밭과 달리 물에 잠겨 있어 다양한 절지동물의 서식처 및 산란처로 사용될 수 있는 특징을 가지고 있다. 하지만 높은 생산성을 요구하는 현대의 농업생산방식에서는 농약의 이용이 계 내의 모든 절지동물을 사라지게 만든다. 경작물에 이로운 절지동물까지 제거되므로 절지동물의 먹이사슬이 파괴되고 자연적인 천적시스템인 거미류 등의 포식자로 인한 초식생물의 적절한 개체수 조절 기능이 사라지고 있다. 본 연구의 저자는 기존 농업생산방식대로 생산량을 최대화할 수 있도록 농약을 사용하는 대신에 포식자 등 경작물에 이로운 절지동물의 군집 변화가 발생하지 않거나 최소화할 수 있는 농약을 선정하고자 하였다. 다시 말해 논 생태계에 서식하는 절지동물의 군집 변동에 농약이 미치는 영향 및 먹이사슬별 상호작용을 파악하고자 하였다.

이를 위하여 저자는 카보후란(carbofuran 3GR)과 페노브카브(fenobucarb)라는 두 가지 농약을 선정하여 생산성이 높은 5~9월까지 각 시기별로 살포 후 먹이사슬별 개체군 변화를 관찰하였다. 특히 거미류 등의 포식자 생장에 농약이 미치는 영향을 파악하기 위해 생장시기별로 분류하여 그 개체수 변화를 파악하였다. 조사결과 농약 적용 후에 총 절지동물 개체수는 48.4%까지 감소하였다. 카보후란의 경우 해충인 벼물바구미 및 여과섭식생물의 개체수를 크게 감소시켰으며 거미류의 개체수는 큰 변동이 발견되지 않았다. 이에 반해 페노브카브는 벼물구 및 유기물잔해 섭식생물의 개체수를 크게 감소시키고 동시에 집짓는 거미 군집을 교란하는 것으로 조사되었다.

본 연구 결과 논 생태계에 서식하는 거미류나 유기물잔해 섭식류 등의 절지동물 군집변화에 농약이 심각하게 악영향을 주는 것으로 조사되었다. 논 생태계 내의 절지동물 먹이사슬이 원활하게 유지될 수 있도록 하기 위해서는 농약의 종류 및 적용시기, 방법 등을 잘 고려하여 농약 처리와 천적시스템을 잘 활용한 경작방식이 요구되며 이를 통해 경제적이고 효율적이고 인간에게도 안전한 경작이 가능할 것으로 보인다.

생태적 지위의 차별성과
종다양성 유지

Levin, J. and J. HilleRisLambers. 2009. The importance of niches for the maintenance of species diversity. Nature 461: 254-257.

생태계에 있어서 다양성은 생태계를 유지하는 데 있어서 매우 중요한 요소이다. 따라서 생태학자들 사이에서는 오랫동안 다양성의 변화와 유지에 관한 많은 연구들이 진행되어 왔다. 특히, 생태계가 어떻게 다양성을 유지하는가에 대한 많은 질문들이 있었고, 많은 과학자들이 그 질문에 대한 답을 하기 위해 노력해 왔다. 생태계가 다양성을 유지하는 방법으로 알려진 것 중 하나는 바로 생태적 지위의 차별성(niche differences)이다. 흔히 생태적 지위라고 해석되는 'niche'는 생태계 내에서 어떠한 생물이 차지하고 있는 지위로서 이는 공간적 의미뿐만 아니라, 기능과 같은 여러 가지 생태적 요소들에 적용될 수 있는 개념이다.

생태학자들은 생태적 지위의 차별성이 생태계 내의 다양성을 유지할 수 있는 중요한 이유 중 하나라고 생각해 왔다. 생태계를 구성하는 여러 개체들이 서로 다른 생태계의 지위를 가짐으로써 여러 개체들이 안정적으로 공존할 수 있는 환경을 조성할 수 있게 되는 것이다. 생태적 지위의 다양성은 경제학의 블루 오션과 연계하여 이해할 수 있다. 블루 오션을 설명할 때 자주 등장하는 틈새시장이 생태계에서의 지위의 다양성과 비슷한 개념이라고 생각하면 되는 것이다. 경제학에서의 블루 오션이 경쟁력을 강화하는 데 도움을 주고 사회 구성원들이 가진 기능을 다양하게 하는 것과 같이, 생태계에서의 서로 다른 지위는 생태계다양성 유지에 매우 중요하다.

하지만, 이러한 이론은 실험적으로 증명하는 것이 매우 어려운데, 이 논문에서 저자들은 실제 실험과 수학적 모델을 이용하여 이 이론을 증명하였다. 저자들은 미국 캘리포니아 지역에서

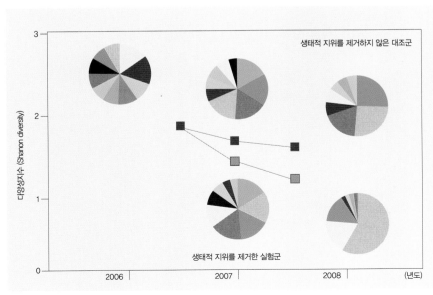

생태적 지위의 차별성을 제거한 경우 시간이 지남에 따라 생물의 다양성이 떨어지는 경향을 보여주는 그래프

실제 야외에서 niche를 제거하는 실험을 진행하였다. 그 결과 생태적 지위의 차별성을 없앤 실험군에서는 우점종이 더욱 우점하게 되고, 그렇지 못한 종들은 더욱 더 희귀해지는 것을 확인할 수 있었다. 또한, 이러한 결과를 수학적 모델에 적용한 결과, 20년 후에는 생태적 지위의 차별성을 제거한 실험군의 대부분이 멸종하는 결과를 보였다. 즉, 생태적 지위의 차별성이 생물다양성 유지에 매우 중요한 역할을 한다는 것을 알 수 있었다. 이 논문의 중요성은 생태적 지위의 차별성이 생태계 내에서 생물의 다양성을 유지하는 중요한 기작이라는 이론과 이를 뒷받침하는 실험적 근거를 제시하였다는 데 있다.

종균등도와 생태계 기능

L. Wittebolle 외 8인. 2009. Initial community evenness favours functionality under selective stress. Nature 458: 623-626.

본 논문은 최근 인위적 생태계 교란으로 인한 생물다양성 감소와 이에 따른 생태계 기능의 변화에 관한 내용을 다루고 있다. 생물다양성은 주로 종풍부도(얼마나 다양한 종이 존재하는가, 종의 수)와 종균등도(종이 얼마나 균등하게 분포하는가)로 표현될 수 있다. 이전 대부분의 관련 연구에서 종풍부도를 생물다양성 지표로 평가한 반면, 본 연구는 종균등도의 중요성을 제시하고 있다. 실험은 종풍부도가 같고 균등도가 다른 탈질(질산염을 질소기체로 변환시키는 과정) 미생물 로 구성된 총 1,260개의 조합으로 소규모 실험조를 설계하여, 외부교란(이 실험에서는 저온과 염도)을 준 이후 탈질효율을 측정하는 방법으로 진행하였다.

결과 분석은 초기 종균등도와 교란 이후의 생물다양성 지표 및 질산염의 변화 농도를 토대로 탈질기능과 생물다양성 간의 연관성을 추정하였다. 그 결과 스트레스를 가하지 않은 대조군에서 종균등도와 탈질기능이 양의 상관관계를 보여 종균등도가 생태계 기능에 유의한 영향을 미치는 것을 확인할 수 있었다. 염도스트레스 처리구에서는 평균적으로 종균등도가 감소함에 따라 탈질율이 유의하게 감소하였으나 일부의 경우 종균등도가 낮음에도 불구하고 탈질기능이 높게 나타났다. 이 경우에는 몇몇 우점종이 염도스트레스에 저항성이 높아 다양성 감소에도 불구, 탈질이라는 기능은 저하되지

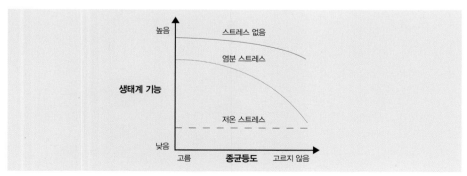

다른 종류의 스트레스에 대한 초기 종균등도와 미생물의 기능과의 관계

않는 것으로 나타났다. 이는 염도스트레스의 영향이 미생물종에 따라 선택적이라는 점을 시사한다. 반면, 저온스트레스 하에서는 종균등도와 기능 간의 상관관계가 나타나지 않았는데 이는 저온 효과가 전체 미생물의 생장률에 영향을 미치는 스트레스이기 때문이다. 그러나 자연생태계 내 대부분의 환경 교란은 종에 따라 영향이 다른 선택적 스트레스이기 때문에 종균등도는 생태계 기능에 유의한 영향을 미친다 할 수 있다.

본 연구결과는 기능적으로 중복된 종들 사이의 균등한 분포가 선택적 스트레스에 빠르게 반응하여 기능적으로 안정성을 되찾기 위한 필수요건이라는 것을 보여주고 있다. 실제로 자연적 혹은 인위적 교란은 선택적 스트레스가 대부분이며, 또한 상대적으로 종풍부도보다 종균등도에 영향을 미치기 때문에 이런 교란들은 생태계의 기능을 더욱 크게 위협할 수 있다.

결론적으로 본 연구는 생물다양성이 높은 군집, 특별히 중복된 종이 특정 기능에 동일한 기여를 하는 군집이 환경 변화의 과정에도 높은 기능적 안정성을 보여주며, 이는 생태계 내 생물다양성 조사에 있어, 종균등도 조사에 보다 많은 주의를 기울여야 함을 강조하고 있다. 본 논문은 생태계의 기능적 안정성을 확보하기 위해 높은 생물다양성 특히 높은 종균등도를 갖는 생태계 보전의 중요성을 시사하고 있다고 여겨진다.

철새가 호수 수질에 미치는 영향은?

이의행, 안광국. 2009. 철새도래지인 주남저수지의 계절적 수질변동.
한국하천호수학회지 42: 9-18.

낙동강 인근에 위치한 주남저수지는 1920년에 농업용수 확보를 위해 개발된 인공호로 개발 목적인 용수 확보 외에도 현재 주요 철새 도래지로서 중요한 역할을 수행하고 있다. 주남저수지는 을숙도와 우포늪 사이에 위치하여 철새 이동의 중요한 통로이며 연중 내내 저수량이 일정하고 동절기에도 결빙되지 않는 동아시아 최대 내륙 철새 도래지로 생태적으로 매우 중요한 지점이다. 이러한 주남저수지는 인근 농경지로부터 유입된 질소, 인 등의 영양염류의 증가와 철새 배설물에 의한 저수지의 부영양화 및 수질오염 발생가능성이 제기되고 있어 명확한 인과관계 확인이 요구되고 있다.

이를 규명하기 위해 저자들은 주남저수지의 연도별 수질변화 확인, 강우분포에 따른 영양염류의 부하특성 및 경험적 모델을 이용한 부영양화 변수 간의 역동적 관계를 분석하였다. 분석결과에 따르면 영양염류 농도가 각각 총 질소의 경우 1.4mg L^{-1}, 총 인은 83μg L^{-1}로 부영양-과다영양 상태였으나 철새 도래로 인한 증가현상은 발견되지 않았고 철새 도래시 영양염류 농도가 감소한 것으로 나타났다.

특히 질산성 질소, 암모니아성 질소 등은 철새 도래와는 어떤 연관성도 찾을 수 없었으며 주남저수지의 수질 회복 및 수생태계 복원을 위하여 좀 더 많은 연구가 필요할 것이라고 보고하였다. 본 논문의 중요성은 철새 도래지의 경우 철새들의 배설물 등으로 인해 수질이 악화될 수 있다는 주장도 있으나 실제 측정 결과 그렇지 않다는 점을 밝힌 것이다. 🐟

광합성 추적 도구 엽록소형광 측정장치

식물의 광합성 연구에 있어 필수 장비인 엽록소형광 측정장치. 기술 개선과 다양한 모델 출시로 최근 들어 여러 분야에 활용되고 있다. 이 장치의 장점과 적용범위 등을 소개한다.

글·사진
한태준 (인천대학교 생물학과 교수)

엽록소형광(Chlorophyll fluorescence)

최근 엽록소형광 측정 없이는 식물의 광합성 연구를 제대로 수행했다고 말할 수 없을 정도로 엽록소형광 데이터에 대한 신뢰가 학자들 사이에서 깊게 형성되어 있다. 이러한 엽록소형광 분석의 인기와 더불어 사용이 쉽고 간단하며, 야외로 이동이 편리하고, 심지어 측정과 동시에 데이터 산출도 완벽히 처리해주는 엽록소형광 측정장치들이 많이 개발되어 왔다.

엽록소형광 측정장치가 보여주는 데이터는 간결하여 마치 단순한 계산식을 통해 산출된 것처럼 보인다. 하지만 그 밑바탕에는 많은 이론적 배경과 원리가 숨어 있다. 엽록소형광 분석의 원리는 간단하다. 식물의 잎에서 엽록소에 의해 흡수된 빛에너지는 세 경로로 나뉘어 이용된다. 빛에너지는 우선적으로 광합성 작용(photochemistry)을 일으키는 데 사용되며, 이때 여분의 에너지가 열로 소산(heat dissipation)되거나 엽록소형광(chlorophyll fluorescence)으로 방출된다. 이들 세 가지 경로는 한정된 에너지 내에서 서로 경쟁적으로 발생하므로, 한 경로가 차지하는 비율이 우세해지면 나머지 두 경로가 차지하는 비율이 감소하게 된다. 즉, 광합성 활성이 증가한다는 것은 열과 엽록소형광이 감소함을 의미한다. 그러므로 한 식물 개체의 엽록소형광을 측정함으로써 상대적으로 그 식물의 광합성 효율에 대한 정보를 획득할 수 있다.

엽록소형광 측정장치

자연조건에서 광합성 활성을 식물체의 손상 없이 빠른 시간 내에 측정하는 방법으로 엽록소형광 측정법만큼 유용한 것이 없으며, 이로 말미암아 손쉽게 사용 가능하며 야외로 이동이 용이한 형광 측정장치들이 많이 개발되었다. 가장 대표적인 엽록소형광 측정장치로는 독일의 Walz사(社)에서 제작한 pulse amplitude modulated(PAM) chlorophyll fluorometer를 들 수 있다. PAM은 모든 식물 분류군에 적용 가능하도록 다양한 모델로 제작되어, 단세포인 시아노박테리아부터 다세포 식물까지, 단시간적인 측정부터 장기적인 모니터링까지, 실험실 내뿐 아니라 야외 현장, 심지어 수중에서도 사용 가능하도록 고안되어 있다. 예를 들어 현미경적 크기의 단일 세포 수준에서 형광 측정이 가능한 Microscopy-PAM, 미세조류용 Phyto-PAM과 Water-PAM, 수중에서 사용할 수 있는 Diving-PAM을 비롯해, 야외에서 장기간 식물의 생태학적 특성을 모니터링할 수 있는 Monitoring-PAM, 그리고 모든 측정 데이터를 이미지화할 수 있는 Imaging-PAM 등이 상품화되어 있다. 뿐만 아니라 엽록소형광 측정과 동시에 광계 I 과 광계 II를 분리하여 각각의 활성 정도를 탐지하거나(Dual-PAM), 야외 현장에서 식물체에 의한 이산화탄소 흡수량을 실시간으로 관찰할 수 있는 모델도 개발되어(GFS-3000) 그 사용 영역이 점차 확대되고 있다. 몇몇 PAM 모델의 특징을 살펴보면, PAM 2500은 터치스크린의 ultra-mobile 컴퓨터가 장착되어 있어 연구자가 장비를 몸에 직접 착용한 채 야외에서 홀로 사용이 가능하고, 블루투스 기능이 포함되어 무선으로 데이터 전송이 가능하다. Monitoring-PAM의 경우 단일 시스템으로 최대 7개의 측정센서를 동시에 작동시키며 엽록소형광을 장기간 모니터링할 수 있고, 전화모뎀이나 위성전화를 통하여 데이터를 전송받을 수 있다. 미세조류용 Phyto-PAM은 4개 파장의 빛을 동시에 제공하므로 녹조류, 규조류, 시아노박테리아가 함께 혼합되어 있는 샘플에서 각 분류군별 데이터 산출이 한번에 가능하며, 특히 분류군별 엽록소 a의 함량을 측정할 수 있어 호수, 하천, 해양 등을 대상으로 미세조류 분포 조사 시에 유용하게 사용할 수 있다.

PAM은 내장된 LED 또는 할로겐 램프를 사용하여 식물의 엽체에 포화광을 조사하고 광계 II의 반응중심을 포화시켜 물 분자를 분해하고 전자(electron)를 생산한다. 그러므로 측정된 엽록소형광 값을 이용하면 광계 II를 통해 전자전달계로 흘러가는 전자의 전달률(Electron Transport Rate)을 계산할 수 있고, 더 나아가 광합성 작용에 의해 발생하는 산소의 양과 이때 고정되는 이산화탄소의 양을 산출하는 것도 가능하다.

엽록소형광 측정 장치의 적용범위

현재 PAM은 식물학, 농학, 원예학, 조류(藻類)학, 환경학 등 광합성 생물을 사용하는 모든 연구 분야에서 활용되고 있다. 인천대학교 녹색환경과학센터에서는 지난 십여 년간 다양한 PAM을 사용하여 미세조류 및 해조류의 생리생태학적 특성 연구를 수행해왔으며, 최근에 들어서는 수질오염 진단을 위한 생태위해성 평가기법 개발에도 이용하고 있다.

또한, 국립수산과학원 동해수산연구소와 인천대학교 녹색환경과학센터 합동연구팀에서는 Diving-PAM을 사용하여 우리나라 연안 바다숲 조성지에 서식하는 해조류 중 구멍갈파래(1ton 기준)가 하루 중 12시간 최대 광합성을 유지하고, 1년에 6개월의 기간 동안 생육한다고 가정할 경우, 연간 약 20.5 ton의 이산화탄소가 제거될 수 있을 것으로 추정된다고 보고한 바 있다. 물론 이와 같은 결과는 실험실 내 최적의 환경조건에서 나타난 것이므로, 해양생태계의 다양한 환경요인 및 생물학적 요인을 고려하여 해조류에 의한 실시간 이산화탄소 흡수량을 추적하기 위해서 녹색환경과학센터와 Walz사가 공동으로 수중용 실시간 광합성 모니터링 시스템 개발연구를 착수한 상태이다. 이외에도 농촌진흥청에서는 PAM 2000을 이용한 농작물 및 원예작물의 스트레스 생리학 연구, 한국해양연구원 부설 극지연구소에서는 Phyto-PAM을 이용한 극지 미세조류 연구 등을 활발히 진행하고 있다. 엽록소형광 측정장치인 PAM의 용도는 위에서 든 실례보다 훨씬 다양하여 환경스트레스(가뭄, 염분, 동해, 냉해, 고온, 영양염, UV-B, 병충해)에 대한 식물의 광합성 반응을 측정하거나, 현재 가장 심각한 환경적 이슈인 지구온난화에 대처하기 위해 식물과 양식해조류의 품종을 개량하는 과학적 프로그램 등에 활용할 수 있다. 미지의 과학적 사실을 찾아내기 위해 사용되는 도구일 뿐 아니라, 전 지구적 환경 변화에 대처할 수 있는 대표적 녹색기술로도 사용될 것으로 기대된다. 🔴

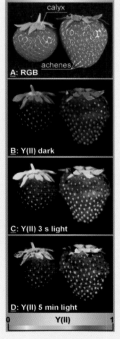

1 장기간 식물 모니터링용 Moni-PAM
2 녹조류, 규조류, 시아노박테리아의 혼합 샘플을 한번의 측정으로 분류군별 데이터 산출이 가능한 Phyto-PAM
3 영상 측정이 가능한 Imaging-PAM
4 (A) RGB 카메라로 촬영한 딸기의 영상이미지
(B-D) Imaging-PAM으로 측정한 딸기의 유효광자수율(effective quantumn yield) 이미지

송골매 어린새

어린 매(*Falco peregrinus*)가 경작지 주변에서
멧비둘기를 잡아먹는 모습이다. 매는 KTX
열차보다 빠른 시속 400㎞에 근접하는 순간속도로
비행하여 날아다니는 비둘기를 비롯한 꾀꼬리,
직박구리, 오리, 갈매기 등 중소형 새를 사냥하는
최상위 포식자이다. 극지방을 제외한 전세계에
걸쳐 살고 있으며 우리나라에서는 주로 해안이나
섬의 절벽에서 번식하고 겨울철에는 하구, 호수,
농경지 등에 나타난다. 멸종위기야생동물 I급 및
천연기념물로 지정하여 보호하고 있다.

2007년 국립생물자원관 주최「한국 자생 동 · 식물 세밀화 공모전」
우수상(환경부장관상) 수상작으로 국립생물자원관 소장
작가 : 이우만(최순규 사진 참조)

생태가 선정한 책 Editor's Choice

글 편집위원회

한국의 5대강을 가다

남준기 지음 / 내일신문

이 책의 장점은 모든 문제를 '현장을 중심으로' 본다는 점이다. '강을 살리려면 무엇부터 해야 하는지' 현장에서 분석한 데이터를 근거로 대안을 제시한다.

섬진강을 포함한 한국 5대강의 구간별 수질을 6단계의 색으로 표시한 '5대강 수질 지도'를 최초로 공개한 것도 눈에 띈다. 수질 데이터도 특정 연도, 특정 계절이 아니라 환경부의 2008년 1월~12월 측정치의 평균으로 잡아 오해 소지를 없앴다. 5대강 수질지도를 보면 '한강보다 낙동강 수질이 나쁘다'는 상식이 무너진다. 2008년 연평균 생물학적 산소 요구량(BOD)은 낙동강 최하류인 물금, 구포 지점보다 서울시내 구간인 노량진이나 최하류인 파주가 두 배 이상 높다. 저자는 이런 현장 데이터를 근거로 "강 살리기를 하고 싶다면 낙동강에 보를 막고 준설해서 서울 한강처럼 만들게 아니라, 오히려 한강 수중보를 철거해서 낙동강처럼 모래톱이 풍성한 강으로 되돌려야 한다"고 강조한다.

원고지 600매 이상의 텍스트를 포함하고 있지만 이 책은 마치 사진집처럼 보인다. 1997년에 촬영한 동강 일대 사진들을 포함, 13년여 동안 우리나라 5대강 현장을 기록한 생생한 사진 370여 컷이 보기 좋게 편집되어 있기 때문이다.
이 사진들 가운데는 이제 다시 볼 수 없게 된 장면들도 많다. 우리나라의 마지막 주막이었던 예천 삼강주막의 류옥련 할머니, 화개

나루를 오가던 섬진강 줄배, 용담호 담수 전 용담면 처녀바위 모습, 원추리가 예쁘게 핀 동강 길 옛 모습 등이다. 저자는 "4대강 사업이 지금과 같은 방식으로 강행된다면 낙동강의 아름다운 모래톱도 모두 사라지게 될 것"이라며 "이 책이 우리나라 강의 아름다운 모습을 마지막으로 보여주는 추억의 앨범이 되지 않기를 바란다"고 말한다.

수질 문제나 생태계와 함께 강 주변의 문화유산이나 문학작품까지 두루 다루고 있는 것도 이 책의 특징이다. 낙동강 하류에서는 '도동서원'이 보여주는 성리학의 건축규범에 대해 자세히 설명하고 있고, 고(故) 임찬일 시인의 시를 통해 가슴 아픈 영산강의 현실을 돌아본다. 한강 발원지 얘기에서는 '태백 검용소'만이 아니라 '오대산 우통수'를 한강의 역사·문화적 발원지로서 재조명하고 있다. 저자는 "강을 살리려면 강을 따라가며 보라"고 강조한다. 강물은 스스로 끊임없이 맑아지려는 본성을 갖고 있어서 웬만큼 더러워져도 다시 맑아지고, 또 더럽혀도 흘러내려가면서 다시 맑아진다는 것이다.

글 이정희 (국립수목원 연구사)

식물의 역사

이상태 지음 / 지오북

식물에 관해 조금 관심을 기울이고 책을 찾으면 생물학, 생명과학, 식물계통학, 식물분류학 등 모두 두껍고 무거운 번역서들이 대부분이다. 때로 고식물학과 식물의 진화에 관한 내용을 담아낸 책들이 교양도서란 이름으로 서점가 한쪽을 차지하기도 하고 아이들을 위한 과학학습서에 단골로 수록되기도 하지만 내용이 극히 단편적일 수밖에 없었다.

『식물의 역사』는 식물들의 역사, 진화와 계통분류, 형태와 생태에 관해 본격적으로 조명하고 있다. 45억 년 지구의 역사에서 35억 년 역사를 가진 생물들의 출현과 지구상 최대의 혁명이자 기적 같은 일대사건인 광합성을 하는 생물의 탄생에서 책의 내용은 출발한다. 이어서 식물의 조상이 된 녹조류가 어떻게 육지 상륙작전을 감행하게 되었으며 점령지의 기후변화와 지각이동 등 대변동의 위협으로부터 어떻게 적응하고 진화하여 오늘날까지 번성하는 종과 몰락하여 멸종하는 종으로 각기 다른 행로를 가게 되었는지 대한 장대한 드라마가 펼쳐진다.

주인공인 식물이 줄기로만 서 있다가 어떻게 잎을 만들게 되었는지, 더불어 번식을 위해 포자라 불리는 단순한 생식세포끼리의 수정에서 종자를 만들어내기 위한 화려한 꽃을 만들고 씨를 담고 키울 기관인 배주라는 값비싼 에너지가 드는 기관을 만들게 되었는지 하는 부분은 수억 년의 시간이 중첩된 진화적 적응의 결과였음을 밝히고 있다.

무엇보다 식물을 공부할 때 부딪칠 수밖에 없는 '어떤 차이점 때문에 식물의 종을 각기 다른 강, 목, 과로 구분하였는지' 하는 질문에 대한 답으로, 분류상의 기본원리를 국내 자생식물뿐 아니라 외국의 식물까지 폭을 넓혀 간단한 검색표를 통해 쉽게 이해되도록 하였다.

식물들이 새로운 기관을 만들어낸 진화의 과정은 척박한 지구 환경에서 생존하기 위한 놀라운 전략의 산물이었음도 설명하고 있다. 특히 히말라야, 킬리만자로, 하와이 고산식물들의 생생한 모습을 외국의 식물전문가들로부터 구한 사진을 통해 확인해 볼 수 있다. 곤충, 새, 박쥐 등과 공생하며 진화해온 식물에 대한 이야기도 덧붙여 다채로운 식물의 세계를 알 수 있다.

역사는 기록의 산물이자 역사가들의 해석의 산물이라고 한다. 식물의 역사 즉 식물의 진화와 계통을 인간이 밝혀내기엔 한계가 있을 수밖에 없다. 그런 가운데서도 식물의 오랜 진화과정을 통시적으로 정리해낸 점이 흥미롭다. 지구상의 그 어떤 존재보다 놀라운 생산성을 가진 생물체로서 다른 모든 생물들의 생존과 멸망의 열쇠를 쥐고 있는 식물에 대한 끝없는 호기심이야말로 식물생태학의 첫걸음이자 동력이라는 생각을 하게 한다.

번역도서 서평 Book Review

글 이한음 (전문번역가)

생명의 강
〈Rivers For Life: Managing water for people and nature〉

샌드라 포스텔, 브라이언 릭터 / 최동진 옮김 / 뿌리와 이파리

관리라는 단어가 들어가는 것들이 그렇듯, 하천 관리도 좀 전문적인 분야에 속한다는 낌새를 풍긴다. 강변을 걷는 이들에게 하천 관리란 쓰레기와 잡초, 산뜻한 산책길, 신선하거나 악취를 풍기는 물 냄새 등 피부에 와 닿는 사소한 것들을 의미할 때가 많다. 하지만 황우석 사건 때 온 국민이 어쩔 수 없이 세계 최고 수준의 줄기세포 지식을 갖게 된 것처럼, 이제는 온 국민이 하천 관리가 무엇인지 관심을 갖지 않을 수 없는 상황이 벌어지고 있다.

강 살리기라는 말이 난무하는데 과연 어떻게 하는 것이 강을 살리는 길일까? 이 책은 하천 관리라는 좀 전문적인 내용을 보통 사람이 이해하기 쉽게 풀어쓰고 있다. 물 관리 분야의 전문가인 두 저자는 지난 100년 사이에 하천 관리를 보는 시각이 어떻게 바뀌었는지를 보여주면서 글을 시작한다. 1901년 루스벨트는 대통령 취임 연설에서 하천의 유량을 균일하게 유지하고 홍수 때 불어난 물을 저장하기 위해 대규모 저수 사업이 필요하다고 말했다. 그 뒤로 댐과 저수지 건설, 강바닥 준설 등 온갖 토목 사업이 벌어졌다. 하지만 100년이 지난 지금은 상황이 바뀌었다. 그 사이에 인류는 자연이 우리에게 어떤 일을 하는지, 자연과 우리의 관계가 어떠해야

하는지를 깊이 이해하게 되었다. 그리고 하천이 단순히 물을 공급하고 배가 드나드는 수로 역할을 하는 것만이 아니라는 것도, 유량 변화가 하천 생태계에 얼마나 중요한 역할을 하는지도.

저자들은 인간의 목적과 구미에 맞게 하천을 대규모로 변형시키는 행위가 환경에 대단히 큰 피해를 입히며, 그것이 부메랑이 되어 우리에게 돌아온다는 것을 여러 사례를 들어 보여준다. 그러면서 인간이 물을 이용하고 관리할 때 물을 소모품으로 보는 태도를 버려야 한다고 말한다.

물은 모든 생명을 지탱하는 원천이라고 말이다. 그리고 하천 정책을 결정할 때 거기에 영향을 받는 사람들이 참여하여 의견을 충분히 피력할 수 있도록 공개적이고 투명하게 하는 것이 중요하다고 역설한다. 강을 살린다는 것이 어떤 의미이며, 어떤 방법이 강을 살리는 것인지를 생각하는 데 많은 도움이 될 책이다. 물론 굳이 책을 읽을 필요 없이 자연 풍경이 가득한 강변을 즐거운 마음으로 걷는 쪽이 더 좋겠지만.

북태평양의 은빛 영혼 연어를 찾아서
〈Totem Salmon〉
프리먼 하우스 / 천샘 옮김 / 돌베개

먼 바다로 나아갔다가 알을 낳을 때가 되면 자신이 부화한 강으로 돌아오는 본능. 펄떡거리며 강을 거슬러 올라오는 힘찬 모습. 알을 낳은 뒤 너덜거리는 몸으로 생을 마감하는 모습. 연어는 인간에게 여러 모로 상징적인 존재다. '거꾸로 강을 거슬러 올라가는 저 힘찬 연어들처럼'이라는 노래가 한 예다. 프리먼 하우스의 책은 연어 잡이 어부로 살다가 깨달음을 얻어 지역에서 연어 복원 운동을 펼치는 저자의 진솔한 이야기다.

저자는 캘리포니아 매틀 강 유역의 한 오지 시골에서 연어 복원 단체를 설립하여 지속적인 활동을 펼치고 있다. 미국에서 연어는 요리용으로 인기를 끌다보니 남획되어 개체수가 급감했다. 게다가 서식지 파괴도 한몫을 했다. 저자가 사는 지역은 원래 숲이 우거진 곳이었다고 한다. 하지만 1950~70년대에 걸쳐 벌목이 이루어지고 주거 단지가 조성되면서 숲이 파괴되었다. 연어는 자갈이 깔린 맑은 하천에 알을 낳는다. 숲이 파괴되면 흙탕물이 강으로 흘러들어 하천 바닥에는 자갈 대신 흙이 쌓인다. 연어의 생존에는 치명적인 환경이 된다. 1980년대 초 매틀 강 유역으로 회귀하는 연어는 약 200마리로 줄어들었다고 한다. 그 뒤 복원 노력이 시작되었다. 그 중심에 선 인물인 저자는 꼼꼼한 관찰력과 탁월한 글 솜씨를 토대로 자신의 삶과 연어의 삶을 엮어낸다. 사라져 가는 생물을 구하는 것이 인간 자신을 구하는 것임을 잘 보여주는 책이다.

꽃은 어떻게 세상을 바꾸었을까?
〈Flowers:How They Changed The World〉
윌리엄 C. 버거 / 채수문 옮김 / 바이북스

미국의 식물학자인 저자는 꽃을 피우는 식물이 지금의 자연 환경을 형성하는 데 큰 기여를 했음에도 제대로 인정을 못 받는다는 점이 안타까워 이 책을 쓰게 되었다고 동기를 밝힌다. 저자는 꽃의 모습, 번식 방식, 지역 환경에 적응하는 양상 등을 설명하면서, 꽃이 이 세상을 어떻게 변화시켜 왔는지를 보여준다. 꽃식물은 화려한 색깔, 갖가지 향기, 영양분이 풍부한 꿀과 열매를 통해 지구 환경에 새로운 활력을 불어 넣었다. 꽃식물이 육지 표면을 뒤덮으면서 곤충 등 새로운 동물들이 출현했다. 저자는 우리가 속한 영장류가 등장할 수 있었던 것도 다 꽃식물 덕분이라고 말한다. 초기 영장류는 곤충을 먹는 동물들이었고, 꽃식물 주위에 모이는 곤충을 잡아먹다가 맛 좋은 열매를 골라 먹는 능력을 갖게 되었다는 것이다. 또 뛰어난 시력과 사회성도 꽃식물이 우거진 숲에서 생활하면서 획득한 것이다. 게다가 꽃식물은 생물다양성을 크게 늘렸다. 저자는 더 나아가 꽃식물이 기후 변화에도 중요한 역할을 했다고 말한다. 이 책은 이렇게 꽃의 이모저모를 살펴보면서 꽃이 환경 및 인간과 어떤 관련을 맺어 왔는지 살펴보는 재미를 안겨준다.

저어새 번식과정을
가슴과 눈으로 기록하다

2007년 송도 남동유수지에 천연기념물인 저어새가 나타나자 시민들이 발 벗고 나섰다.
시민들의 자발적이고 헌신적인 모니터링 덕에 송도갯벌과 저어새가 새롭게 주목받고 있다.

글·사진 김보경 (송도갯벌을 지키는 시민모임 / 인천저어새네트워크)

마지막 갯벌, 송도갯벌에서 저어새를 처음 만난 날

2007년 어느 봄날 인천 남동공단 내 저수지에서 저어새들이 쉬고 있는 것을 처음 보았다. 멸종위기종이라는데 왜 이렇게 더럽고 냄새나는 곳에 있는지 이해할 수 없었다. 하지만 보물을 숨겨두듯 그날은 마음속으로만 그 새들을 품고 돌아왔다. 그 후로 저어새들을 남동공단 유수지나 갯벌에서 볼 때마다 궁금해졌다. 왜 저 새들은 저 곳에서 쉬고 있을까? 저어새와 갯벌은 어떤 관계가 있을까? 새들을 보러 다니며 알게 된 사실은 언제나 가 볼 수 있을 거라 여겼던 갯벌이 죄다 사라진다는 것이었다. 내가 사는 아파트와 내가 다니는 길과 내 이웃이 다니는 회사도 모두 갯벌을 매립해 세운 인공의 산물임을 전혀 몰랐다. 구불구불하던 인천의 해안선이 제방과 항구와 공장과 아파트로 변해버렸고, 지천으로 널렸던 조개와 굴과 게들은 사라져가고, 이제 송도갯벌은 마지막이라는 수식어를 달고 있었다.

2009년 세계 최초로 저어새들의 도심 번식을 확인하다.

2007년 11월부터 선생님들과 시민들로 이루어진 탐조 모임을 만들어 매월 정기적으로 송도에서 탐조를 했다.

그러던 중 2009년 4월 18일 정기 모니터링 때 저어새가 지푸라기를 물고 날아가는 것을 관찰하게 되었다. 평소에 보지 못했던 그런 행동이 번식을 위한 준비였다는

사실은 며칠 뒤 해안도로 쪽에 저어새 두 쌍이 둥지를 틀고 있는 것을 확인함으로써 밝혀졌다. 어쩌면 2008년부터 시작된 재갈매기들의 번식이 자연스럽게 저어새의 번식으로 이어졌을지도 모른다. 실제로 저어새 개체수의 증가에 비해 비무장지대 인근의 번식지 상황은 나빠지고 있어 서해안 인근의 섬들로 저어새들의 번식지가 흩어지는 경향이라고 하니 이곳에서 번식하는 것은 어쩌면 예정된 것이었을지도 모른다. 하지만 수십 년간 공장폐수가 고여서 썩은 더러운 물에서 저어새들이 어떻게 새끼를 키울지 걱정이 되어 차라리 번식은 하지 말고 그냥 머물다 가기만을 바랐다.

시민들에 의한 모니터링의 시작

저어새들의 번식이 확인된 이후 4월 말경부터 매일 시민들이 조를 짜서 하루 세 번 꼬박 한 시간 이상씩 저어새들의 움직임 하나하나를 관찰하였다. 자연과 새를 사랑하는 평범한 시민들이 눈으로 보고 가슴으로 느껴지는 대로 기록하였다. 전 세계에 2,000여 마리밖에 남지 않아서 멸종될지도 모른다는 위기의 새가 안타깝고 고마워서 묵묵히 하루도 빠짐없이 지켜보고 기록했다.

처음에는 어떻게 둥지가 만들어지는지, 짝짓기는 몇 번 하는지, 주변의 재갈매기들과 관계는 어떤지 등을 기록했고, 알을 품기 시작하자 알을 품는 시간, 암수가 둥지

1 송도의 저어새 ⓒ정형식 2 인천에 마지막 남은 갯벌인 송도갯벌 3 저어새 모니터링 활동

를 교대하는 시간, 알을 굴리거나 일어나서 기지개를 펴거나 알에게 그늘을 만들어주는 행동들을 시간별로 기록했다. 기다리던 첫 새끼가 태어나고 곧이어 다른 새끼들도 태어나게 되자 새끼들에 대해서도 기록했고 비록 성공하지 못했지만 무수히 시도되었던 번식들도 기록되었다. 알에서 태어난 지 40여 일이 지난 후 첫번째로 태어난 새끼의 첫 비행모습은 지켜보던 많은 사람들을 감동시키기에 충분했다. 안타까웠던 순간도 많았다. 저어새들이 생명을 키워내는 작은 인공섬은 계속되는 공사소음과 악취에 노출되어 있었으며 부족한 둥지재료로 같이 번식하던 재갈매기와 끊임없는 신경전을 벌여야 했고 비가 많이 내려서 섬의 아래쪽이 잠겼을 때 둥지와 새끼를 잃기도 했다. 그렇게 저어새와 함께 울고 웃으며 100여 일이 넘는 기간을 모니터링하였다. 이 기록은『저어새 섬 100일간의 기록』이라는 책으로 출간되어서 세상에 알려지게 되었다.

2010년에도 계속되는 모니터링

저어새는 올해도 어김없이 송도를 찾아왔다. 번식깃이 훌륭한 저어새 두 마리가 3월 20일 섬에 도착한 것을 시작으로 올해의 저어새 모니터링은 시작되었다. 작년보다 더 많은 시민들이 저어새 모니터링에 함께 하기 위해 모이고 있다. 시민들의 이러한 저어새 모니터링은 첫째, 그 자체로 저어새의 서식지를 지키기 위한 훌륭한 보전활동

이다. 무보수로 자신의 시간과 에너지를 쏟아내서 저어새를 관찰했던 모니터링단의 헌신적인 노력으로 저어새와 송도갯벌에 대한 관심이 집중되었다.

둘째, 학계를 비롯한 전문가들의 관심을 끌어내는 계기가 되었다. 이 기록은 저어새의 생태를 이해하는 데 많은 도움이 될 것이다. 또한 시민들은 전문가의 조언을 받아 더욱 과학적인 모니터링을 할 수 있게 되고 전문가들은 시민들을 돕는 과정에서 많은 정보를 얻게 되어 그 결과를 학술적으로 정리해 낼 수 있을 것이다. 저어새를 비롯한 갯벌에 기대어 사는 많은 새들이 언제까지 송도갯벌을 찾아올 수 있을지는 아무도 모른다. 2009년에 송도갯벌은 1/3 정도만 남기고 남은 부분에 대한 매립이 결정된 상태이다. 언제 매립공사가 시작될지 모르는 위태한 상황에서 올해 찾아온 저어새들은 과연 무사히 번식을 마칠 수 있을지 알 수 없다. 🐦

저어새(*Platalea minor*)는 전 세계적으로 심각한 멸종위기종이었으나 점차 개체가 늘어 현재는 약 2,400여 마리로 추정되며 위기등급이 멸종위기종으로 조정되었다. 대부분 한반도의 서해 무인도와 연안에서 번식을 하고 최근 남중국과 러시아 등지에서 극소수의 번식개체가 보고되었다. 우리나라에서는 노랑부리저어새와 함께 천연기념물 제205호로 지정받아 보호되고 있다.

자연과 도시의 공존, 두꺼비생태공원

조성된 지 4년이 지난 두꺼비생태공원의 생태계가 조금씩 되살아나고 있다.
도심 생태복원의 대표적 사례지인 두꺼비생태공원의 조성과정과 더불어 사람과 두꺼비의
공존을 위한 현재 상황을 진단해 보고자 한다.

글·사진 박완희 (원흥이생명평화회의 사무국장)

2003년 봄부터 시작된 두꺼비 살리기 운동이 올해로 8년째를 맞이하였다. 충북 청주시에 위치한 원흥이방죽 주변이 지금은 아파트와 법원, 검찰청, 상가에 둘러싸여 있어 논밭이었던 예전의 모습이라고는 전혀 찾아볼 수 없다. 두꺼비 주요 서식지인 구룡산은 주변 지역의 개발과 늘어난 등산객으로 인해 심각한 훼손 위기에 처해 있다. 반면 조성된 지 4년이 지난 두꺼비생태공원은 조금씩 생태계가 되살아나고 있다. 개발 이전에 비해 개체수는 줄어들었지만 두꺼비들은 올해도 원흥이방죽을 찾아 산란을 하고 있다. 이에 도심 생태복원의 대표적 사례지인 두꺼비생태공원의 조성과정과 더불어 사람과 두꺼비의 공존을 위한 현재 상황을 진단해 보고자 한다.

어쩔 수 없는 선택

원흥이방죽 두꺼비는 2003년 청주 지역 풀뿌리환경단체인 생태교육연구소 '터'에 의해 처음 알려졌다. 그해 5월 애기두꺼비들의 대규모 이동이 전국언론에 보도되면서 두꺼비 살리기 운동이 들불처럼 일어났으며, 사업주체인 한국토지공사에서는 실효성 없는 두꺼비서식지 보전 방

안(4m 폭 이동통로안)을 제시하면서 갈등이 고조되었다. 12월, 중앙도시계획위원회에서 중재안으로 20m 폭 이동통로 확보안이 제시되었으나 이는 두꺼비들의 안정적인 서식을 보장할 수 없었다.

2004년에 접어들면서 개발과 보존의 갈등은 더욱 심화되어 공사 강행, 현장 농성, 벌목 저지 등 치열한 싸움이 이어졌다. 상생의 대안을 제시하고 법원 앞 1인 시위, 삼보일배, 성직자 단식농성 등 두꺼비 살리기의 진정성을 표현하는 다양한 방식의 시민운동이 이어졌다. 그러나 토지공사는 법원, 검찰청사 앞 상업용지 분양 등을 통해 시민사회에서 제안한 상생의 대안을 무력화시켰다. 그 이후 원흥이방죽 껴안기, 법원 앞 60만 배, 충북도지사 역할검증 프로그램, 청와대 앞 삼천배, 국정감사 사절단 파견, 활동가 단식농성으로 이어졌고, 이 과정에서 충청북도의 중재로 토지공사와 원흥이생명평화회의 간에 상생의 협약이 체결되었다.

설계부터 함께한 시민참여형 생태공원

2005년 초 원흥이생명평화회의는 생태공원 설계 및 시

1 2004년 개발전 원흥이마을 2 2003년 애기두꺼비 대이동 3 2003년 두꺼비

공 전문가와 시민단체 활동가를 중심으로 '두꺼비생태공원 조성을 위한 시민기획단'을 꾸렸다. 이 기획단을 중심으로 토지공사와 청주시 관계자가 참여하는 논의체계가 구성되었으며 이를 통해 생태공원의 기본계획, 원흥이방죽 수량확보 및 수질개선 방안 등이 연구되었다. 그 결과물로 원흥이방죽 지하수위를 유지시키기 위해 법원, 검찰청 옥상의 빗물을 모으는 600톤 규모의 저류시설이 설치되었고, 인도변 녹지대 빗물침투시설, 원흥이방죽 지하수댐 등이 도입되었다.

2006년 본격적인 생태공원 조성공사가 시작되면서 공사현장 모니터링을 통한 실질적인 감리활동을 하였다. 또한 생태공원 주변지역 차폐식재를 통한 생태교란요인을 완화시키고, 참나무 이주목 식재, 곤충 비오톱 및 다공질공간 등 두꺼비가 서식할 수 있는 환경을 복원하기 위한 노력이 진행되었다. 이 과정에서 구룡산 숲과 같은 구조의 식재 계획에서 수종 확보가 어렵다는 현실적인 문제에

부딪혀 상당 부분 대체수종으로 식재되었다. 또한 표토층 활용에 대한 이해가 깊지 않아 식물들에 대한 영양공급과 토양생태계의 완성도를 높이지 못한 한계들도 있었다.

두꺼비 터전을 빼앗은 주민들이 나서다

두꺼비와의 공존을 위해서는 두꺼비생태공원과 구룡산을 이용하는 지역주민들의 참여가 무엇보다 중요하다. 2006년 말부터 산남3지구 8개 단지 아파트입주예정자동호회(인터넷 카페) 운영진과의 모임이 시작되었다. 이 동호회는 8개 단지 아파트입주자대표회의의 연대모임으로 개편되어 산남두꺼비생태마을아파트협의회가 공식 출범하여 활동하게 되었다. 이전까지는 환경단체가 중심이 되어 활동하였지만 이제는 주민중심으로 무게중심이 옮겨가 주민참여형 생태공동체 마을만들기 운동으로 전환되고 있다. 아파트협의회는 이 마을의 실질적인 주민자치기구로 마을공동체, 두꺼비, 생태환경, 보행환경의 문제까지 폭넓게 접근하고 있다. 식목행사, 두꺼비생명한마당, 생명강좌 등의 주요사업과 주민들의 소통을 위한 두꺼비마을신문 발행 등 보다 구체적인 풀뿌리 주민운동

이 현실화되고 있다. 이 중심에 바로 두꺼비와 생태공원이 있다.

두꺼비, 어려운 조건에서 여전히 살고 있다.

두꺼비생태공원은 도심 택지개발사업지구 한가운데 만들어진 양서류생태공원이다. 그러기에 두꺼비 개체수에 대한 관심 또한 많다. 개발 이전 두꺼비의 주요 서식지는 논과 숲이 만나는 임연부를 비롯한 3~4부 능선이었다. 택지개발이 대부분 그러하듯 이 마을 또한 산줄기의 대부분은 잘려나가 사라졌다. 두꺼비 개체수가 줄어드는 것이 당연했다. 택지개발이 한창 진행되던 2005년도에는 알을 낳기 위해 구룡산에서 원흥이방죽으로 내려온 산란이동 두꺼비가 약 500개체였다. 생태공원이 조성완료된 2007년도에는 350개체가 조사되었으며 이때부터 구룡산으로 돌아가지 않고 공원 내부에 잔류하는 개체수가 늘기 시작했다. 산으로 돌아가는 개체수가 줄어드니 해마다 산란이동을 하는 개체수는 줄어들었다. 2009년에는 50여 개체만이 구룡산에서 내려왔다.

생태공원 내부에 잔류하는 두꺼비 개체수는 아직 정

4 2009년 원흥이방죽
5 원흥이방죽과 구룡산을 잇는 보조이동통로
6 원흥이 탐방 아이들

확한 조사가 이루어지지 않고 있다. 2008년도에 93개체에 대해 마이크로칩을 주입하여 개체인식 조사를 하고 있으며 이들 중 2009년에 9개체가 산란이동에 동참한 것이 확인되었다. 이에 대해 유럽 두꺼비처럼 우리나라 두꺼비의 해거리를 주장하는 이들도 있다. 현재 이에 대한 연구가 진행 중이다.

서서히 생태복원이 이루어지다.

두꺼비생태공원은 두꺼비만 살아가는 공원이 아니다. 원형 보전된 원흥이방죽은 250m의 생태통로로 구룡산과 연결되어 있다. 이 길을 따라 야간에는 아파트단지 사이로 고라니가 내려와 원흥이방죽에서 먹이활동을 한다. 너구리와 멧토끼, 족제비들도 생태공원의 주인공이다. 2007년 생태공원 조성 직후 11종의 조류가 생태공원에서 번식하거나 조사되었으며 2009년도에는 소쩍새 등 천연기념물 3종을 비롯하여 총 25종이 조사되었다. 또한 생태공원 조성 이후 개체수가 줄어들었던 한국산개구리, 북방산개구리, 청개구리, 참개구리 등 양서류들이 원흥이방죽과 두꺼비생태공원 내의 식생대가 자리를 잡아감에 따라 급격히 증가하고 있으며, 양서류의 포식자인 유혈목이, 무자치 등 파충류 또한 조사 개체수가 늘어나고 있다.

두꺼비생태공원에서 불어오는 생명의 바람

습지를 포함한 39,600㎡(약 12,000평)의 두꺼비생태공원 내에 서식 가능한 적절한 개체수, 지속가능할 수 있는 존속 가능 개체수가 어느 정도인지 아직 모른다. 두꺼비생태공원은 올해로 공원이 조성된 지 4년째이다. 참나무 갈잎이 떨어져 부엽토로 완전히 분해되지도 않는 그런 시간이 지났을 뿐이다. 잘 보존된 생태공원이 아니라 대부분 새로 식재되고 가꾸어진 생태복원지이다.

또한 일부 출입통제구역만 있을 뿐 제대로 된 완충구역 없이 주변 건물들로 둘러싸인 공원이다. 생태공원이라고 하지만 법적으로는 도심의 일반 근린공원이다. 그러나 주민들과 환경단체가 힘을 모아 척박한 공간에서 생명의 바람을 불어넣고 있다. 정책적 지원과 제도적 보완, 전문가들의 참여가 이어진다면 지금까지의 노력이 녹색도시, 생태도시로 변화 발전하는 밑알이 될 것이다. 🍃

4대강 사업이 물새에 미칠 영향에 대한 예비보고서 요약

지난 2010년 3월에 발표된 부산 새와 생명의 터 (Birds Korea)의 '대한민국 4대강 사업 예비보고서-물새에 미칠 예상 영향' 보고서(공동저자: 나일 무어스, 김 안드레아스, 박미나, 김선아)의 결과 부분을 간추렸다.
이 보고서는 환경부에서 연간 실시하는 조류 동시 센서스 자료와 새와 생명의 터 자체 조사 자료를 분석한 것이다.

원문제공 박미나 (새와 생명의 터 국내코디네이터) **정리** 편집위원회

물새 분포도와 강 유역별 잠재적 영향

강은 기다란 형태의 습지로 상류의 실개천, 강 본류 및 범람원 습지와 하구를 연결해준다. 4대강 사업의 규모를 고려할 때 대형 공사가 계획된 지점의 상류와 하류 주변에 인접한 모든 습지가 이 사업의 영향을 받을 것으로 보인다. 이러한 관점에서 볼 때 환경부 겨울철 조류 동시 센서스에 포함된 48개 지역 외에도 보다 광범위한 면적이 4대강 사업에 의해 직간접적 영향을 받을 것으로 예상된다. 환경부 센서스 자료를 보면 2008년 1월 중순에 집계된 국내 전체 물새 개체수의 1/3 가량 (총 1,404,756개체 중 564,317개체)이 이 48개 지역에 속한다. 이 중 한강 유역에 74,494개체, 금강 유역에 345,593개체(수심을 깊게 만들 준설공사 예정지인 한 장소에서만 300,000마리가 집계된 가창오리 포함), 영산강 유역에 46,019개체, 낙동강 유역에 46,019개체가 집계되었다.

밀도가 더 큰 차이를 보이는데, 2010년 1월에 팔당호는 완전히 얼어붙어 물새가 한 마리도 관찰되지 않은 반면 같은 날 댐 아래쪽 강줄기에서는 수천 마리의 물새들을 비롯하여 전지구적으로 취약종인 참수리 2 마리도 함께 관찰되었다.

서식지별 물새 밀도

48개 습지 지역에 대한 환경부 센서스 자료를 보면 4대강 사업으로 만들어질 심하게 변형된 '강-저수지'와 같은 곳보다는 하구나 자연에 가까운 강 지역에 특수하게 적응 진화한 물새나 범지구적으로 멸종 위험을 받고 있는 물새가 단위 면적당 훨씬 높은 개체수(밀도)를 보인다.

팔당호 바로 아래쪽으로 자연에 가까운 한강 본류가 이어지는데 팔당댐에 의해 생긴 팔당호보다 6배나 많은 물새들이 2008년 1월에 조사되었는가 하면 자연적인 한강 하구에서는 거의 8배 이상의 물새들이 서식하고 있는 것으로 조사되었다. 날씨가 추운 겨울 동안에는 물새의

강 상류 지역과 고지대 댐

환경부 센서스가 조사한 총 23개 강 유역은 모두 중·하류 지역에 집중되어 있지만, 안동 근교의 상류에 있는 일부 저수지들이 포함되어 있다. 안동댐은 1976년에 완공되었으며 방대한 저수지 규모에도 불구하고 안동호에서 기록된 물새의 개체수는 2008년에 1,351개체, 2009년에 874개체에 불과하다. 또한 이들 대부분이 청둥오리 (Anas platyrhynchos)와 비오리(Mergus merganser) 2종이었다. 안동호의 물새 밀도는 팔당호와 같은 중류 지역의 대형 저수지와 비교할 만하지만 자연적 또는 자연에 가까운 강 본류와 강 하구에 비해 훨씬 낮은 수준이다.

1 4대강 사업으로 위기에 처한 세계적 멸종위기종 호사비오리(*Mergus squamatus*) ⓒ로빈 뉼린, 새와 생명의 터
2,3 범람원 습지를 서식지로 삼는 전형적인 물새종 개리와 재두루미 ⓒPGA습지생태연구소

강 중류와 강 하류

환경부 조류 동시 센서스 지역에 포함된 중·하류지역 중에는 서울 동쪽의 팔당댐과 성수대교 사이의 한강 구간과 구미 해평을 포함한 낙동강 본류가 있다. 두 지역 모두 강의 폭이 비교적 넓고 강 중간에 섬이 형성되어 있으며 강변에 식물의 생육지가 형성되어 있어 물새들에게 중요한 서식처로 국제적으로 인정받고 있다. 팔당댐과 성수대교 사이의 한강 지역에서는 이동성 조류인 비오리의 경우 철새 이동경로를 이용하는 개체군의 3~5%가 이곳에서 머무는 것으로 조사되었다. 이 지역은 또한 전지구적으로 취약종인 참수리(*Haliaeetus pelagicus*)가 정기적으로 관찰되는 곳 중의 하나이기도 하다.

준설 공사가 계획되어 있는 구미 근교의 낙동강 본류에서는 한반도를 통과하는 철새 이동경로를 이용하는 쇠기러기(*Anser albifrons*) 총 개체군의 4% 이상이 2008년도에 관찰되었으며 소수의 재두루미와 가창오리도 이곳에서 기록되었다. 뿐만 아니라 이 지역은 전지구적 취약종인 흑두루미 수천 마리가 남쪽으로 이동하면서 중간기착지로 이용하는 곳으로 이는 흑두루미의 지구상 총 개체군의 20% 이상을 차지하는 수치이다.

범람원 습지

국내에 현존하는 범람원 습지 중 대부분은 훼손되어 이미 이러한 서식지에 생태적으로 의존하여 살아 왔던 여러 민감한 물새종이 감소하고 자취를 감추었고 아직 생존하고 있는 몇몇 물새종의 경우 국내에서 분포 범위가 확연히 줄어들어 람사르 습지인 우포늪과 주남 저수지 내의 작은 습지 세 군데로 한정되는 등 서식지 면적이 줄어들었다. 낙동강의 범람원인 이 두 지역은 여름철 침수로 습지 면적이 확장되고 천천히 수위가 낮아지는 겨울에는 모래톱과 펄이 드러난다.

하지만 2009년의 공사로 인해 인위적으로 수위가 상승된 우포늪에서는 결국 몇 종이 사라지는 결과를 초래하였다. 주남 저수지에서는 범람원 습지를 서식지로 삼는 전형적인 물새종을 아직도 찾아볼 수 있다. 이러한 종에는 월동과 중간기착지로 이곳을 이용하는 재두루미 및 개리가 관찰되었다. 겨울이 되면 보통 주남 저수지에 큰기러기(*Anser fabalis*)의 큰 무리와 전세계적으로 종이 위협받고 있는 재두루미, 흑두루미, 흰이마기러기와 수백 내지 수천 마리의 가창오리가 이곳에서 관찰되었다. 그러나 간과하지 말아야 할 것은 범람원 습지가 남아 있다고 하더라도 인위적인 수위 조절과 수질 악화는 물새의 감소를 초래할 수 있다는 것이다.

하구

한강 및 임진강, 금강 및 낙동강 하구는 한겨울 동안은 물론이며 북쪽으로 이동하는 시기(3월~5월) 또는 남쪽으로 이동하는 시기(8월~11월) 동안에도 물새들에게 국제적으로 중요한 서식지가 되고 있다.

강이 얼어붙는 한겨울 동안에도 이 하구에서는 여러 물새종이 매년 약 20,000개체 이상의 큰 규모로 무리를 형성하면서 서식하고 있는 것을 정기적으로 관찰할 수 있다. 이 지역에서 현재 국제적으로 중요한 무리를 형성하고 있는 물새종으로는 큰기러기, 쇠기러기 등이 있고 이곳을 서식지로 규칙적으로 이용하는 전지구적인 멸종위기종에는 재두루미가 있다. 또한 한강-임진강 하구는 개리의 중간기착지로서 이 새에게는 국내에서 가장 중요한 습지가 된다.

4대강 사업으로 위기에 처할 국내 천연기념물 원앙(*Aix galericulata*) ©로빈 뉼린

국제조류보호연합(*Birdlife International*)은 한강 하구지역을 중요 조류 서식처(IBA)로 지정하여 물새에게 국제적 중요성을 지닌 생태계로 인정하고 있다. 금강 하구는 현재 하구둑이 건설되어 있음에도 불구하고 여전히 국제적으로 중요한 물새 서식지 역할을 하고 있다. 한겨울 동안에도 이 하구에서는 여러 물새종이 매년 약 20,000개체 이상의 큰 규모의 무리를 형성하면서 서식하고 있는 것을 정기적으로 관찰할 수 있는데 검은머리물떼새(*Haematopus ostralegus*)가 전세계 개체수의 40% 이상(4,362개체)을 이루며 서식하고 있는가 하면 전지구적 취약종인 검은머리갈매기도 전세계 총 개체수의 4% 이상(478개체)이 이곳을 이용하는 것으로 조사되었다. 2008년 봄철 이동기간 중 금강하구에서 98,402 개체의 도요 물떼새들이 관찰되면서 금강 하구는 새만금 방조제의 완공 이후 국내에서 가장 중요한 도요 물떼새 서식지로 인정받고 있다.

낙동강 하구는 1990년에 완공된 하구둑의 건설과 그 이후 연속적으로 진행된 토목 사업 및 도시기반시설공사 등으로 인해 많은 물새종의 감소가 있었음에도 불구하고 여전히 물새종에게 국제적으로 중요한 지역으로 남아 있다.

4대강 사업: 물새에 미칠 영향

상당히 특수하게 진화된 많은 물새종은 서식지의 변형, 파괴 또는 소실이나 먹이의 질과 양의 감소와 같은 변화에 민

감할 수밖에 없다. 4대강 사업은 약 891km의 저수심 강과 하천을 영구적으로 물에 잠기는 깊은 물로 바꾸는 데 목표를 둔다. 전지구적으로 1,000개체에서 25,000 개체로 추정되고 국내에 약 300쌍이 있는 것으로 추정되는 흰목물떼새(*Charadrius placidus*)는 생태적으로 저수심 하천에서 서식한다. 이와 같은 강바닥 준설로 수심이 깊어지는 모든 구간에서 흰목물떼새는 사라질 것이며 전국적으로 그리고 개체군 수준에서 개체수가 감소할 것이다.

낙동강의 구미 지역에서는 강의 모래톱과 저수심 지대가 없어지므로 이동성 물새종인 재두루미와 흑두루미가 이용할 수 없게 된다. 그 결과 개체군의 감소가 지역적으로 일어날지 개체군 수준에서 일어날지 확실하지는 않지만 전세계 총 개체수의 20% 이상의 흑두루미가 안정적으로 이용하던 중간 기착지의 훼손은 사망률의 증가로 이어질 수 있다.

소수의 호사비오리는 교란되지 않은 몇 개의 강 지역을 따라 월동하는데 위치 추적장치를 이용하여 최근 밝혀진 바에 따르면 개체수는 알 수 없더라도 봄 가을 이동기간 중 이들이 국내에도 기착한다는 것이다. 호사비오리는 깨끗하고 상대적으로 교란되지 않으며, 수심이 얕고 잔물결이 있으면서 바위 자갈이 깔린 좁은 지역만 이용하므로 인공적으로 수심이 깊어진 구간에서는 살 수 없을 것이다. 계절에 따라 범람하는 지역이 사라지고 인위적으로 수위가 변동되는 저수지가 만들어지면 조류 군

국명	학명	보존 등급	주된 영향	비고
개리	*Anser cygnoides*	EN /VU	F, D	
큰기러기	*Anser fabalis*		F, D	
큰고니	*Cygnus cygnus*		F, D	
원앙	*Aix galericulata*		S, D	가장 심각
청머리오리	*Anas falcata*	NT	F	
호사비오리	*Mergus squamatus*	EN	S, D	가장 심각
황새	*Ciconia boyciana*	EN	S, F, D	
재두루미	*Grus vipio*	VU	S, F, D	
흑두루미	*Grus monacha*	VU	S, F, D	
흰목물떼새	*Charadrius placidus*	VU	S	

EN = 위기종   VU = 취약종   NT = 위기근접종
S = 저수심, 하천, 섬, 자갈, 모래언덕 등의 소실   F = 범람원/침수량과 범람원 습지와 하구의 건강성 쇠퇴   D = 교란 증가

4대강 사업으로 위협받는 조류 중 특별한 보전 중요성을 가진 종의 목록

집에 해로운 영향을 끼칠 것이다.

4대강 사업은 기존의 댐을 확장하고 새로운 댐을 지음으로써 강을 따라 흐르는 물의 흐름을 제한한다는 것인데 어류의 이동을 막고 수온과 토사 수송에도 영향을 준다. 치수라는 명목의 인위적 수량 조절로 인한 자연적인 범람의 감소는 생산성을 감소시키고 생물다양성을 감소시키는 것으로 알려져 있다. 국내에 남아 있는 몇 안 되는 범람원 습지에 의존하는 물새종으로 재두루미와 큰기러기가 있다. 아주 작은 수위 변동이라도 계절에 따라 범람하는 습지를 영구적으로 물에 잠기게 하거나 물새들이 이용하는 얕은 습지 가장자리의 면적을 줄어들게 해서 지역적으로 아니면 개체군 수준의 감소로 이어질 수 있다.

4대강 사업 중 낙동강과 영산강에서 상류 준설과 병행하는 하구둑의 재설계는 선적과 선박운항을 위한 준비 작업일 수 있다. 이러한 기반시설 건설은 물새에게 직간접적인 영향을 미친다. 둑 건설와 하구의 매립은 하구 서식 종의 감소를 초래하는데 거의 자연에 가깝고 교란이 적은 한강-임진강 하구에 비해 영산강과 같이 강 하구의 개조로 기수역이 없어진 곳에서는 이미 물새의 종 수와 개체수가 낮다. 선박 운송을 증가시킬 목적의 하구둑 증설은 오염과 기반시설 증가 및 하구 생태계 교란을 가중시키고 더 나아가 하구 식생의 감소를 일으킨다. 낙동강 하구의 경우 큰고니(*Cygnus cygnus*)와 큰기러기의 먹이가 되는 식생이 훼손되어 이미 개체수의 급격한 감소로 이어지고 있다. 선박 이용의 여파는 결국 도요, 물떼새가 이용하는 연안의 침식으로 이어질 것이며 서식지로 이용하는 민감한 종에게 피해를 줄 수 있다.

최고 관심종

정리하자면 50종(물새종 30종 포함) 이상의 종과 국내 개체군의 1/3 정도의 개체가 크든 작든 4대강 사업으로 인해 부정적인 영향을 받을 것이다. 많은 물새종이 영향을 받겠지만 새와 생명의 터에서는 특별한 보전 중요성을 가진 종으로 10종을 선정하였으며 이 중 자연적인 강 본류에 서식하는 조류로서 가장 영향을 많이 받을 것으로 예상되는 2종을 호사비오리와 원앙으로 추정하였다.

결론

전면 취소나 공사규모의 적절한 축소가 따르지 않을 경우 4대강 사업은 약 50종에 이르는 조류종(30종의 물새 포함)에게 부정적인 영향을 끼칠 것이며, 생태학적으로 수심이 낮은 하천-범람원 습지-강 하구에 서식하며 변화에 민감한 물새종의 계속적인 감소를 초래할 것이다. 국내 람사르 습지 중 최소 한 곳의 보전 가치를 격하시키고 국제조류보호연합이 지정한 주요조류지역 8곳에도 악영향을 끼칠 것이다. 🐦

거제 긴꼬리투구새우 연구 보고서

아이들이 맺어준 인연을 시작으로 8년째 논으로 긴꼬리투구새우를 찾아나서고 있다. 긴꼬리투구새우를 보호하는 일은 그들의 생태를 이해하는 데서 출발한다.

글 · 사진 변영호 (거제 계룡초등학교 교사)

긴꼬리투구새우와의 인연

2003년 '알쏭달쏭 생태 연못 만들기' 과정에서 연못에 넣을 올챙이를 채집하기 위해 논으로 갔던 아이들의 손에 우연히 긴꼬리투구새우가 잡히면서 이들과의 인연이 시작되었다. 아이들이 나에게 맺어준 인연이었기에 또 다른 아이들과 긴꼬리투구새우의 새로운 인연을 만들어주기 위해 8년째 논으로 긴꼬리투구새우를 찾아나서고 있다. 긴꼬리투구새우는 최소한 3억 년 전 고생대 석탄기 때의 모습이 거의 변하지 않은 살아 있는 화석 생물로 우리나라에서는 멸종위기야생동 · 식물 II급으로 보호받고 있다. 전 세계적으로 긴꼬리투구새우(*Triops longicaudatus*), 유럽투구새우(*Triops cancriformis*), 아시아투구새우(*Triops granarius*), 오스트리아투구새우(*Triops australiensis*) 4종이 서식하고 있는 것으로 알려져 있는데 국내의 투구새우는 현재 모두 긴꼬리투구새우로 알려져 있다. 일본에서 보고되고 있는 아시아투구새우가 서식할 가능성이 매우 높지만 현재까지 국내에서 아시아투구새우의 서식은 보고되지 않고 있다.

긴꼬리투구새우의 생태

긴꼬리투구새우는 알로 논흙 속에서 월동한다. 남부지방의 경우 5월 초순경 논갈이 과정에서 알들이 지표면으로 노출되고 논물이 잡히면 발생한다. 이 때 논의 상태가 흙탕물이기 때문에 육안으로는 관찰이 불가능하다. 5월초부터 7월 중순까지 관찰이 가능하지만 일반적으로 논갈이가 끝난 모내기 직전의 논이나 모내기가 끝난 논에서 발견된다. 긴꼬리투구새우는 탈피를 통하여 성장하는데 자연상태에서 0.8 cm정도의 개체를 채집하여 연구해 본 결과 3cm까지 성장하는 과정에서 9회의 탈피가 관찰됨으로써 기존에 알려진 7~8회보다 많은 최소 10회 이상의 탈피를 하는 것으로 조사되었다.

또한 이전까지는 논에서의 생존 기간이 20~30일 정도로 알려져 있었지만 거제도의 경우 최대 48일까지 확인됨으로써 최소 30~40일 정도 생활한다고 결론을 내릴 수 있었다. 국내에서 확인된 긴꼬리투구새우 성체의 평균 몸길이는 3.2~3.4cm이며, 영양 상태가 좋을 경우 4.5cm까지도 성장한다.

긴꼬리투구새우 서식 분포

긴꼬리투구새우 연구를 시작할 때 내가 얻을 수 있었던 유일한 서식 정보는 '남부지방의 일부 못자리 논에서 서식한다'는 것이 전부였다. 다양한 국외 자료를 분석해 본 결과 '최소한 포항 이남에는 서식 가능하다'는 결론을 내리고 현장조사를 했다. 환경부는 경북 경산과 거제도를 긴꼬리투구새우의 중요 발생지로 밝히고 있지만 긴꼬리투구새우는 사실 경기도 연천 이남의 전국 대부분 지역에서 서식하고 있다. 결론적으로 '남부지방의 극히 일부 못자리 논'이라는 생태 정보는 연구를 시작한 지 8년 만에 한반도 대부분의 지역에서 발생하며 국내의 북방 한계선을 연천까지 확대하는 것으로 바뀌게 되었다.

1 하늘강 3기의 긴꼬리투구새우 모니터링 2 긴꼬리투구새우 알집 3,4 거제도에서 발견된 멸종위기종인 긴꼬리투구새우

긴꼬리투구새우와 논

국내의 경우 긴꼬리투구새우는 경남 산청과 경기도 연천처럼 일시적인 물웅덩이에서 발생하기도 하지만 일반적으로 논에서 발생한다. 거제도의 경우 관행농법으로 농사를 짓는 논에서 대규모 발생이 확인되었다. 그런데 농약을 살포하는 관행농법 논에서의 대규모 발생은 어떻게 이해해야 할까? 이 문제는 농약과 비료 살포가 적은 논농사 초기에 발생과 성장, 산란 과정이 끝나는 긴꼬리투구새우의 생활사를 밝혀내면서 자연스럽게 풀렸다.

즉 평균 40일까지의 짧은 생활사와 발생 후 약 10일 이후부터 가능한 산란을 통하여 농약과 비료의 위험성을 피해 간다는 것이다. 또한 산란된 알은 논흙에 묻히게 되고, 2중막의 내부구조와 딱딱한 외부 껍질로 외부적 요인에 비교적 내성을 가진 점들이 긴꼬리투구새우가 다양한 생태 환경의 변화 속에서 적응하면서 생존할 수 있었던 이유이다. 하지만 농약과 비료는 긴꼬리투구새우의 발생에 직접 영향을 주는 요인이다.

긴꼬리투구새우는 농약이 살포되거나, 모가 논에 뿌리를 내린 후 성장을 돕기 위해 비료가 뿌려지면 사라진다. 이런 측면에서 본다면 유기농의 확대는 긴꼬리투구새우의 발생 밀도에 영향을 주지만 긴꼬리투구새우 발생의 직접적인 요인은 아니다. 긴꼬리투구새우가 발생하는 논은 3가지 기본 조건을 필요로 한다. 첫째 겨울철에 일정 정도의 건조 상태가 유지되고, 둘째 5월부터 안정적으로 물이 공급되는 논이라는 특징이 있다. 우리들의 예상과의 달리 발생 논들은 마을과 인접한 문전옥답의 논들이다. 이것은 물의 안정적인 공급이라는 조건과 연관된 것으로 판단된다.

논흙과 논물을 분석해 본 결과 발생 논은 다른 논에 비하여 유기질이 풍부한 논으로 조사되었다. 셋째 올챙이가 발생하지 않거나 개체수가 적어야 한다. 그 이유는 발생 초기에 알들이 올챙이의 먹이로 섭식되기 때문이다. 즉 긴꼬리투구새우는 올챙이와 일종의 천적 관계가 형성되어 있다는 사실이 밝혀졌다.

긴꼬리투구새우의 보호 대책

우리나라의 국가 보호종 관리는 종 자체를 보호하거나 서식지를 보호지역으로 설정하는 정책을 유지하고 있다. 긴꼬리투구새우는 전자에 포함된다. 하지만 이런 보호정책은 변화가 필요하다. 긴꼬리투구새우는 몇 백 마리 단위 이상의 대규모 발생이라는 기본적 특징을 가지며 서식지가 인위적 간섭과 개발이 용이한 주거지와 인접해 있다. 거제도의 경우 대규모 발생지역 2곳은 공장과 아파트 단지로 개발되어 급격하게 서식지가 파괴되고 있다. 따라서 개체 중심의 보호정책에서 탈피하여 일부 지역을 보호서식지로 설정하여 서식지 파괴를 막는 것이 가장 바람직한 보호방법이 될 것이다. 🐛

생태 학술행사 Seminars & Conferences

생물다양성협약 제10차 당사국 총회

기간: 2010년 10월 18일~29일
장소: 일본 아이치현 나고야시
**　　　나고야 의회센터**

생물다양성협약 제10차 당사국 총회(The 10th meeting of the Conference of the Parties(COP10))가 2010년 10월 18일부터 29일까지 12일간 일본 아이치현 나고야시, 나고야 의회센터(Nagoya, Aichi Prefecture, Japan)에서 개최된다. 생물다양성협약(Convention on Biological Diversity(CBD))은 1993년 12월 29일 발효되었으며 2010년 5월 현재

가입국 수는 193개국, 협약 서명 국가는 168개국이다. 우리나라는 1994년 10월 3일에 가입했다. 이번 총회에는 190여 개국 8천여 명이 참가할 것으로 예상된다. 생물다양성총회와 더불어 10월 11일부터 29일까지는 생물다양성 상호교류축제(Interactive Fair for Biodiversity)가 개최되며, 10월 11일부터 15일까지는 생물안전성의정서(카르타헤나의정서) 총회가 개최될 예정이다. 신청서는 www.cop10.jp.fair/en에서 다운받을 수 있으며 신청은 이메일(fari@cop10.jp) 또는 팩스(+81-52-972-7822)로 하면 된다.

제65회 한국생물과학협회 정기학술대회

제64회 한국생물과학협회 학술대회 발표 ©한국생물과학협회

기간: 2010년 8월 19일 ~ 20일
장소: 서울대학교 관악캠퍼스

제65회 한국생물과학협회 정기 학술대회가 오는 8월 19일, 20일 양일간 서울대학교에서 열린다. 한국생물과학협회는 1957년에 창립된 우리나라에서 가장 오래된 생물학 관련 학회 연합으로 현재 한국동물학회, 한국식물학회, 한국하천호수학회, 한국생태학회, 한국생물교육학회, 한국동물분류학회, 한국유전학회, 한국곤충학회, 한국식물분류학

회 등 9개 학회의 연합체이다. 매년 8월에 정기적으로 전국 각지를 순회하며 개최되고 있으며 매년 2,000명 이상의 생물학자들이 참여하고 있다. 기조 강연자로 스웨덴 웁살라대학교 라하마(D. Larhammar) 교수, 미국 하버드의대 리(C. Lee) 교수, 일본 도쿄대학교 푸지와라(T. Fujiwara) 교수 및 미국 캘리포니아대학교 데이비스분교 쿡(D.R. Cook)

교수가 생물다양성의 해를 맞아 초청되었으며 그 외 국내외 생물 관련 학자, 전문가 및 대학(원)생 등이 참여하여 생물종, 유전자, 생태계 다양성 등의 주제에 대한 다양한 연구결과를 발표한다. 대부분의 학술대회와 마찬가지로 관심이 있는 사람이면 누구나 참관이 가능하고 즉석에서 학회에 가입도 할 수 있다.

제4회 동아시아 생태학대회

기간: 2010년 9월 13일 ~ 17일
장소: 경북대학교 상주캠퍼스

1 제1차 동아시아생태학대회(목포) 2 제2차(일본) 3 제3차(중국) ⓒ한국생태학회

2010년 유엔이 정한 생물다양성의 해를 맞이하여 오는 9월 삼백의 도시(쌀, 누에, 곶감)로 유명한 경상북도 상주시에서 제4회 동아시아생태학대회가 개최된다. 동아시아생태학대회는 한국, 중국, 일본의 생태학회가 공동으로 개최하는 생태학 관련 학술대회로 2004년 우리나라 목포의 목포대학교에서 제1회 대회가 개최된 이후, 2006년 일본, 2008년 중국에서 개최되었다.

이번 대회의 주제는 '동아시아의 녹색성장과 생물다양성 보전을 위한 생태적 도전과 기회'로, 한중일 3국 및 동남아시아 각국의 생태학자 300여 명과 공무원, 일반인, 대학원생 등이 참여하여 생태학의 전 분야에 대한 심포지엄과 학술발표가 이뤄질 예정이다. 이밖에도 한중일 대학원생들을 위한 워크숍, 논 습지 및 일본의 마을 인근 숲인 사도야마 등에 대한 지역 시민단체의 세미나도 개최된다. 대회 공식 언어인 영어로 진행되지만 일반인과 학생들도 관심을 가지고 쉽게 이해할 수 있는 전 지구적 관심사들을 주제로 '동아시아 보존지역에서의 생물–문화다양성' 심포지엄이 열릴 계획이다. 이 심포지엄은 UNESCO MAB(Man and Biosphere Program) 한국위원회의 지원으로 개최되며 홍선기 박사(목포대학교 도서문화연구원), 제종길 박사(유네스코 MAB 한국위원회), 타가가츠 박사(일본총합지구환경학연구소)가 심포지엄의 조직을 담당하고 있다.

UNESCO MAB 프로그램에서는 다양한 생태문화 보전 프로그램을 제시하고 있으며 2009년 호주 브리즈번에서 개최된 제10회 세계생태학대회(INTECOL)에서는 이러한 연구를 위한 국제네트워크로서 Asia–Pacific Biological and Cultural Diversities Network(ABCD)를 창설하였다. 제4회 대회의 심포지엄에서는 UNESCO MAB–Korea의 지원으로 아시아의 생태학자들과 한국, 일본의 UNESCO MAB관계자가 모여서 아시아의 전통경관과 생물권 보전지역의 보전과 활용을 위한 학제 간 협력 연구를 발표할 것이다. 또한 지역의 특화된 생태와 문화를 바탕으로 지역의 발전을 추구하는 노력에 대한 심도 있는 논의와 함께 기후변화와 녹색농업, 장기생태, 멸종위기종 복원과 생물다양성 보전, 생태관광 등에 대한 다양한 심포지엄이 개최된다. 제4회 대회가 개최되는 상주시에는 아름다운 낙동강을 굽어보는 수려한 경관을 자랑하는 경천대를 비롯하여 자전거 박물관, 상주 국제승마장, 도남서원 등 다양한 볼거리를 상주에서 찾아볼 수 있다. 한국 최초의 자전거 녹색도시를 표방하는 상주시에서 강변의 자전거 길을 자전거를 이용해 주변 명소를 돌아보는 것도 좋을 것이다. 먹거리로는 지역 특산의 상주곶감, 막걸리, 상주 상강한우가 유명하다. 대회 조직위원회는 선비의 정신세계를 유형화시킨 학춤을 참가자 모두가 함께 배우는 시간도 마련할 예정이다.

한국생태학회 소개

| 한국생태학회 The Ecological Society of Korea |

'생태학의 발전을 도모하고 인류의 문화발전에 이바지한다'
라는 목적으로 1976년에 창립하였다. 국내외의 대학, 연구소,
정부기관 등에서 활동하는 약 1,000명의 회원들이 활발한
학술연구 활동을 하고 있는 우리나라 생태학계 최고의 권위를
지닌 학회이다. 지난 2002년에는 제8회 세계생태학대회를
서울에서 개최하였으며, 2004년부터 중국과 일본의 태학회와
함께 동아시아생태학회를 창립하여 동아시아 지역 생태학
분야의 국제교류를 활성화해 가는 것은 물론, 세계생태학회의
주요 일원으로서 그 역할을 펼쳐 나가고 있다.

| 2010년 주요 활동 |

· 영문 생태학회지 『Journal of Ecology and Field Biology』
  발간(매년 4회)
· 한국정보과학회와 '생태환경-IT 기술융합'에 관한 협약을
  체결하고 한국생태관측대네트워크 조성 및 관련 연구 과제
  개발에 관한 협력 수행
· 대한토목학회와 '생태공학발전'에 관한 협약을 체결하고
  생태 공학포럼을 개최하면서, 생태공학의 발전에 관한 협력
  논의 진행
· 2010년 7월 대중잡지 『생태 The Ecological Views』 창간호 발간
· 2010년 8월 20일 정기총회 및 심포지엄 개최
· 2010년 9월 13일~17일 제4회 동아시아생태학대회 개최

| 한국생태학회 현재 임원진 명단 |

고 문 김준민 (서울대학교 명예교수), 김준호 (서울대학교 명예교수),
　　　최현섭 (경희대학교 명예교수), 장남기 (서울대학교 명예교수),
　　　이호준 (건국대학교 명예교수), 길봉섭 (원광대학교 명예교수)
상임고문 임병선 (목포대학교), 박상옥 (대구효성카톨릭대학교),
　　　남상호 (대전대학교), 최재천 (이화여자대학교)
회 장 김은식 (국민대학교)
부회장 이준호 (서울대학교), 손요환 (고려대학교),
　　　주기재 (부산대학교)
감 사 심재국 (중앙대학교), 오인혜 (배재대학교)
총무/재무이사 오장근 (국립공원관리공단)
회장특보 홍선기 (목포대학교)
학술/출판위원장 강혜순 (성신여자대학교)
기획/발전위원장 오경환 (경상대학교)
재정위원장 김용학 (Lippo 그룹)
제4차 EAFES Congress 조직위원장 박희천 (경북대학교)
대중생태잡지출판 특별위원장 박상규 (아주대학교)
생태-정보기술융합 특별위원장 김성덕 (충남대학교)
생태공학 특별위원장 이준호 (서울대학교)
서울/경기 지회장 김재근 (서울대학교)
강원 지회장 정연숙 (강원대학교)
영남 지회장 추연식 (경북대학교)
제주 지회장 김문홍 (제주대학교)
충청 지회장 김성덕 (충남대학교)
호남 지회장 이점숙 (군산대학교)
사무국장 안선영 (이화여자대학교)

『생태』구독 안내

| **발행횟수** 1년에 2회 발행
| **서점판매** 주요서점과 인터넷서점에서 판매
| **구 독 료** 1권 12,000원 / 1년 23,000원 / 2년 45,000원
| **구독신청** 지오북GEOBOOK으로 신청인, 연락처, 받으실 주소,
　　　　구독기간을 알려주십시오.
| **구독접수** E-mail: eco@geobook.co.kr
　　　　Tel: 02-732-0337
　　　　Fax: 02-732-9337
| **입금계좌** 신한은행 110-268-018076 지오북GEOBOOK

『생태』카페 소개

『생태』 창간에 발 맞추어 독자와
의 소통을 위해 생태잡지 카페
를 열었습니다. 카페에는 이번호
소개, 과월호 기사를 비롯하여
필진 소개, 생태관련 기사, 생태
사진 함께 보기 등 다양한 컨텐
츠를 지속적으로 제공하도록 하겠습니다. http://cafe.daum.net/
ecozine에 방문하셔서 창간호에 대한 의견, 앞으로 『생태』에 바라
는 점 등을 자유롭게 남겨 주십시오.